技能名师传帮带

采油工人日常操作规程记忆歌诀

朱金龙　郑本祥　王新坤　著

石油工业出版社

内 容 提 要

本书涵盖了目前油田开发系统采油工、集输工、采油测试工三个工种所涉猎的 81 个日常操作项目。每个操作项目都从操作规程记忆歌诀、操作规程安全提示歌诀和操作规程原文三点入手进行编著。让读者在吟诵"歌诀"的同时联想并记忆操作程序,从而达到快乐记忆操作规程的目的。

本书可作为油田开发系统采油工、集输工、采油测试工等工种的员工岗位培训、技能鉴定、技能大赛的参考用书,也可作为相关单位管理干部、技术人员了解掌握辖区内相关岗位员工日常操作项目的参考用书。

图书在版编目(CIP)数据

采油工人日常操作规程记忆歌诀 / 朱金龙,郑本祥,
王新坤著 . —北京:石油工业出版社,2018.1
(技能名师传帮带)
ISBN 978-7-5183-2182-7

Ⅰ . ①采… Ⅱ . ①朱…②郑…③工… Ⅲ . ①石油开
采 – 技术操作规程 Ⅳ . ①TE35-65

中国版本图书馆 CIP 数据核字(2017)第 255109 号

出版发行:石油工业出版社
(北京安定门外安华里 2 区 1 号 100011)
网 址:www.petropub.com
编辑部:(010) 64523712 图书营销中心:(010) 64523633
经 销:全国新华书店
印 刷:北京中石油彩色印刷有限责任公司

2018 年 1 月第 1 版 2018 年 1 月第 1 次印刷
880×1230 毫米 开本:1/32 印张:8.25
字数:220 千字

定价:45.00 元
(如出现印装质量问题,我社图书营销中心负责调换)

序

　　大国工匠，匠心筑梦；彰显大国风范，托起巨龙腾飞。2016 年，"培育工匠精神"被写进《政府工作报告》，这说明"工匠精神"已经得到了党和国家的高度重视。"大国工匠"的感人故事、生动实践表明，只有那些热爱本职工作、脚踏实地、尽职尽责、精益求精的人，才可能成就一番事业，才可望拓展人生价值。

　　"工匠精神"是一种热爱工作的职业精神。工匠的工作不单是谋生，并且能从中获得成就感和快乐，这也是很少有工匠会去改变自己所从事职业的原因。这些工匠都能够耐得住清贫和寂寞，数十年如一日地追求着职业技能的极致化，靠着传承和钻研，凭着专注和坚守，去缔造一个又一个的奇迹。培育"工匠精神"重在弘扬精神，不仅限于物质生产，还需各行各业培育和弘扬精益求精、一丝不苟、追求卓越、爱岗敬业的品格，从而提供高品质产品和高水准服务。

　　中国石油把"石油精神"和"工匠精神"巧妙融合，在整个石油石化系统有序推进"石油名匠"培育计划。这些"大国工匠"，基本都是奋斗在生产第一线的杰出劳动者，他们行业不同，专业不同，岗位不同，但他们有着鲜明的共同之处，就是心有理想，身怀绝技，敬业爱岗。通过"石油名匠"培育为高技能人才搭建平台，让沉心干事的企业工匠，得到应有的尊重和待遇，不仅需要个人的匠心独运，更需要营造一个企业乃至社会大环境的文化氛围，需要打造一个讲究品质、尊重知识、尊重人才的氛围。

　　为了更好地发挥高技能人才的引领带动作用，推动企业基层员工素质的整体提升，石油工业出版社策划出版《石油名匠工作室》《技能名师传帮带》等系列丛书，通过总结、宣传石油技师等高技能人才在工作中的使用技巧、窍门以及技术革新的方式、方法，提高石油一线员工操作水平，激发广大基层工作者的劳动兴趣，并促使一线员工主动提高自身劳动技能，提高劳动效率。不断深化岗位练兵、劳动竞赛、技术革新等群众性经济技术活动，为广大职工立足岗位开源节流、降本增效建载体搭平台创条件。

　　本系列丛书是一批技艺精湛、业绩突出、德艺双馨的技能领军人才的多年工作心得、体会、成果的经验总结，有必要在各个专业一线员工中大力推广。通过在各个专业领域充分发挥引领、示范作用，加强优秀技能人才典型事迹宣传，展现良好形象，推进操作技能人才队伍素质整体提升，让"石油精神"焕发新的光芒。大国工匠彰显大国风范，石油名匠托起巨龙腾飞。

中国石油天然气集团公司人事部　总经理
中国石油天然气股份有限公司人事部

2017 年

前　　言

歌诀教学法针对成人注意力集中周期为20分钟的特点，用最精炼的文字涵盖尽可能多的内容，高度集中概括，把点多面广的复杂内容进行高度凝练总结，可激发成人学习兴趣。教学歌诀具有读起来朗朗上口，容易刺激成人记忆力；缩短培训时间，增强培训效果；有利于短期速效培训，能迅速增强培训质量等特点。本书开歌诀法进行操作规程培训之先河，填补了员工操作规程培训模式的空白。

俗话说"讲授容易，理解困难；理解容易，牢记困难"。员工培训具有"理解容易记住难，课堂听懂课后忘"的成人教育特点。如何让成人感兴趣，让其记得住且记得牢，是众多企业培训师多年来一直探索的课题。如何克服多年来员工操作规程培训中存在的"年年抓、月月训、周周学、天天讲，学了忘、忘了学"的弊端，是众多石油企业培训师多年来一直追寻的目标。

本书作者朱金龙，自1980年技工学校毕业至今，从事采油工作已有37个年头。1991年代表吉林油田参加在新疆克拉玛依举行的技术比赛，获得全国技术能手称号，1993年破格晋升为采油技师，2005年考取采油高级技师资格证，2007年考取二级企业培训师资格证，现任中国石油吉林油田公司采油技能专家，曾编著《油田开发常用指标计算手册》。他将30多年的工作实践和20多年来教学实践中应用过的歌诀，加以凝练总结，编著了本书。

本书作者郑本祥负责全书的专业技术审定，王新坤负责全书的全部歌诀平仄韵律审定。

中国石油长庆油田分公司第十一采油厂新集采油作业区的白萍和第一采油厂王窑采油作业区的杨娥，中国石油吉林油田公司新木采油厂采油一队的张雪参与了全书的编写。中国石油长庆油田分公司第十一采油厂培训站的胡忠太和新集采油作业区的王瑞军、张鹏昭参与了集输工部分的编写。中国石油长庆油田分公司第十一采油厂桐川采油作业区的吴峰、谢永红和新集采油作业区的柳小彬、中国石油玉门油田公司老君庙采油厂采油三队的刘春杰，以及中国石油辽河油田公司曙光采油厂采油作业七区的毕海昌参与了采油工部分的编写。

书中涵盖了采油工、集输工、采油测试工三个工种的81项日常操作规程的记忆歌诀和与其相对应的安全提示歌诀。它弥补了上述工种操作规程培训多采用"填鸭式"教育的不足。是上述工种员工技能培训，特别是操作规程培训必不可少的参考书籍之一。它弥补了目前油田操作规程培训书籍，多注重操作程序，多文字记述，偶有插配漫画或图片的不足。可作为油田开发系统采油工、集输工、采油测试工等工种操作工技能培训和相关技术人员学习用书之一。

本书的创新点之一是针对被采油测试工、采油地质工、采油工和井下作业工誉为"研究生课程"的通过实测"示功图"诊断油井井下工作状况，把常见实测示功图分为若干大类，每一类用一两句顺口溜概括出这类图形的特点，既形象又便于记忆。在此基础上，再根据常见的30余种具体类型的实测示功图分别配以解释和对比区分歌诀。让学习者大方向能分类，具体原因会区分会解释；让受训者在短时间内掌握示功图分析、诊断、应用的方法。改变了讲解实测示功图分析时，"一画示功图就是几黑板，少则数十个图形，多则上百个，累得讲课人一头汗水，弄得听课者一头雾水"的事倍功半、收效不佳的传统教学方法。采用这种方法培训了近千名采油测试工、采油地质工、井下作业工和采油工。经过培训的员工，全都一次性地通过了高级工和技师职业技能鉴定，同时也激发了他们学习示功图的兴趣。

本书的创新点之二在于对每个操作项目首先采取通俗易懂易记的歌诀或顺口溜，即记忆歌诀对相关操作规程进行记述，便于学习者理解并牢记。

本书的创新点之三是在每个操作项目在记忆歌诀的基础上，针对最容易出现风险造成人身伤害的环节，又高度凝练出四句安全提示歌诀。

本书的创新点之四在于每个操作项目都在记忆歌诀和安全提示歌诀的后面附有该操作项目的操作规程原文，便于读者前后核对。

本书的创新点之五是考虑到歌诀文字的高度凝练性，一个或多个操作环节仅仅用一个字或三两个字，客观地讲容易产生歧义。因此，每个操作项目都在记忆歌诀下面设有备注，便于读者进一步将歌诀与原文对照理解、融会贯通，进而达到牢记不忘，更具实用性。

　　本书以吉林油田的操作规程为蓝本进行编著。在实际应用中，可能会由于各油田的实际情况不同而有差异，但绝大多数是通用的。望读者求同存异，取其精华。

　　由于笔者水平所限，加之时间仓促，本书难免存在不妥或错误之处，敬请读者和同行朋友批评指正。

作者

二零一七年六月于吉林松原

目　　录

1 采油工日常操作规程记忆歌诀

1.1 抽油机井巡回检查操作

1.1.1 抽油机井巡回检查操作记忆歌诀

1.1.1.1 17个巡回检查点记忆歌诀

速箱连①柄②块③，中尾④曲柄轴；

刹车机⑤关⑥带⑦，口⑧悬⑨毛⑩驴头；

整体看卫生，盘根❶不漏油。

注释：①连——指连杆；②柄——指曲柄；③块——指平衡块；④中——指中轴；尾——指尾轴；⑤机——指电动机；⑥关——指开关箱；⑦带——指皮带；⑧口——指井口；⑨悬——指悬绳器；⑩毛——指毛辫子。

1.1.1.2 关于"听"的歌诀

运转部位旷刮碰，头销①松动两点②响。

出油管线听仔细，流动声音为正常。

注释：①头销——指驴头销子；②两点——分别指驴头上、下死点。

1.1.1.3 关于"看"的歌诀

1.1.1.3.1 悬绳器和毛辫子检查的歌诀

压板辫扭①卡②两销③，辫无刺股④铅块牢。

注释：①辫扭——指毛辫子不能打扭；②卡——指悬绳器上面的承载方卡子；③两销——指悬绳器压板穿销和开口销；④刺股——指毛辫子不能有毛刺和断股。

---

❶：盘根即密封圈或密封填料，现场作业过程中也称盘根，为歌诀押韵考虑，故歌诀中盘根不改为密封圈或密封填料。

1.1.1.3.2　井口和各个轴承检查的歌诀

温压①流程根②不漏，润滑合格各个轴。

注释：①温压：温——指井口出油温度、掺输水温度；压——指井口压力，包括油压和套压；②根——指井口盘根（密封圈）不漏。

1.1.1.3.3　减速箱检查的歌诀

箱盖呼吸阀合口①，油位三轴②不漏油。

注释：①合口——指减速箱合口面；②三轴——指减速箱的输入轴、中间轴和输出轴。

1.1.1.3.4　曲柄销子检查的歌诀

划线①明显定位标，冕形螺母曲柄销。

注释：①划线——现场一般用醒目颜色在冕形螺母和曲柄接触处画一条线，一旦冕形螺母松动，此线即发生错位。

1.1.1.3.5　曲柄和平衡块检查的歌诀

狗牙①燕尾②仔细看，曲柄配重③固定栓。

注释：①狗牙——现场俗称平衡块差动螺栓为狗牙，也称锁块；②燕尾——现场俗称曲柄拉紧螺栓为燕尾螺栓；③配重——指平衡块。

1.1.1.3.6　刹车检查的歌诀

接触八十①看轮②片③，三一三二④在区间。

注释：①八十——指刹车轮与刹车蹄片接触面积超过80%；②轮——指刹车轮；③片——指刹车蹄片；④三一三二——指现场刹车操作时，利用刹车齿板行程的1/3至2/3之间。

1.1.1.3.7　各部固定螺栓检查的歌诀

各部螺栓齐备帽，地脚①板②座③连得牢。

敲击螺帽六方面，顺时针向紧固保。

注释：①地脚——指连接抽油机基础底板和底座的固定螺栓，俗称地脚螺栓；②板——指放在基础上的混凝土板；③座——指抽油机底座。

1.1.1.3.8　开关箱检查的歌诀

接触箱体先验电，戴上手套保绝缘①。

推拉空开②定侧身，接头牢固器件全。

注释：①绝缘——防止触电；②空开——指空气开关。

1.1.1.3.9　连杆、皮带检查的歌诀

连杆皮带仔细看，正①无刮碰侧②成线。

一两③翻背④自复原，四点一线应测检。

注释：①正——指从正方向上看，即顺着驴头方向看，连杆和曲柄、平衡块应无挂碰；②侧——指从侧方向上看，即垂直于游梁的方向看，两连杆应成一条线；③一两——指皮带单手可按下 1 至 2 指为松紧度合格；④翻背——指单根皮带用手把皮带里面翻过来，松手后能自然恢复至原状；要注意的是，现场所说的"板带"（即成组皮带）是翻不过来的。

1.1.1.4　关于"摸"的歌诀

管热①杆凉②头脑清，指背③摸机④杆上行⑤。

四十七十⑥两指标，电机轴承有规定。

注释：①管热——指井口出油管线摸着应有一定的温度；②杆凉——指手摸光杆发凉，是油井出油正常的标志；③指背——指摸电动机轴承温度时，要用手指背去摸；摸光杆凉热时，要用手背或手指背去摸；④摸机——机指电动机轴承，摸电动机轴承温度时要用手背或手指背去摸；⑤杆上行——指模光杆温度时，要在光杆上行时去摸；⑥四十七十：四十——指电动机轴承实测温度不能超过环境温度40℃；七十——指电动机轴承实测温度不能超过70℃。

1.1.2　抽油机井巡回检查操作安全提示记忆歌诀

验电断电防滑摔，登高须系安全带。

光杆上行摸和擦，警惕身手受伤害。

1.1.3　抽油机井巡回检查操作规程

1.1.3.1　风险提示

启动抽油机时要戴绝缘手套；停抽后要切断电源总开关；操作时平稳；盘车时禁止用手握皮带，防止碰伤、扭伤。

1.1.3.2　抽油机井巡回检查操作规程表

具体操作顺序、项目、内容等详见表 1.1。

表 1.1　抽油机井巡回检查操作规程

操作顺序	操作项目、内容、方法及要求	存在风险	风险控制措施	应用辅助工具用具
1	准备工作			
1.1	穿戴好劳保用品，开好安全作业票			
1.2	工具、用具：600mm管钳、笔、纸、棉纱、试电笔、绝缘手套			
2	操作步骤			
2.1	井口部分检查流程、录取压力			
2.2	检查悬绳器部分有无伤痕、断丝、脱股现象	碰伤	平稳操作	
2.3	检查曲柄、曲柄销子、平衡块部分有无磨损、退扣或锈迹等	碰伤	平稳操作	
2.4	检查连杆、连杆销子、尾梁部分有无异常响声	碰伤，高空坠落	平稳操作	安全带
2.5	检查驴头、游梁、中轴部分有无变形、锈迹等	碰伤，高空坠落	平稳操作	安全带
2.6	检查支架、底盘基础、刹车部分是否灵活好用	碰伤，高空坠落	平稳操作	安全带
2.7	检查皮带轮、皮带有无破损，是否四点一线等	夹伤手	禁止手抓皮带	
2.8	检查变速器及各部轴承润滑是否正常	碰伤，高空坠落	平稳操作	安全带
2.9	检查电动机和配电箱的电器设备部分有无开胶、外露、漏电等现象	触电	验电	试电笔，绝缘手套
3	技术要求及安全注意事项			

操作顺序	操作项目、内容、方法及要求	存在风险	风险控制措施	应用辅助工具用具
3.1	抽油机各部位连接固定螺丝不得有松动现象			
3.2	抽油机凡属加注黄油、齿轮油的各个润滑部位和润滑点不得有缺油现象			
3.3	悬绳器钢丝绳无断损现象			
3.4	驴头、悬绳器、光杆要对准井口中心位置			
3.5	井口密封圈不发热、不漏油，松紧适当，光杆外露 0.8 ~ 1.5m			
3.6	井口设备、抽油机设备达到不缺、不锈、不松动、不渗漏、规格化			
3.7	电器设备完好无损，绝缘、接地良好			
3.8	井场无油污、杂草，无易燃物，抽油机周围无障碍物			
3.9	如有掺水井，掺水温度 65 ~ 75℃，单井回油温度 35 ~ 40℃			

1.1.3.3 应急处置程序

（1）若人员发生机械伤害，第一发现人员应立即停运致伤设备，现场视伤势情况对受伤人员进行紧急包扎处理；如伤势严重，应立即拨打 120 求救。

（2）若人员发生触电事故，第一发现人员应立即切断电源，视触电者伤势情况，采取人工呼吸、胸外心脏挤压等方法现场施救；如伤势严重，应立即拨打 120 求救。

1.2 计量间翻斗量油操作

1.2.1 计量间翻斗量油操作记忆歌诀

通风检漏开门窗，侧身开关阀门灵。

检查标牌安全阀，周期内把压力定。

稍微打开气平衡，先开后关不犯病。

接电对斗①参数输，水稳三十②动标定。

计前计后底数记，复原③写卡求产停。

确认正常方离去，记录班报填写明。

注释：①对斗——指计量前检查计数仪显示斗数与翻斗实际斗数一致，不丢斗；②水稳三十——指计量前掺输水量要稳定30分钟以上；③复原——指倒回原生产流程。

1.2.2　计量间翻斗量油操作安全提示记忆歌诀

通风侧身开阀门，先开后关流程倒。

稍开平衡您别忘，接通电源戴手套。

1.2.3　计量间翻斗量油操作规程

1.2.3.1　风险提示

（1）机械伤害：若劳动保护穿戴不符合要求或操作方法不正确，易发生工具滑脱、油气泄漏，及伤人、人员滑倒碰伤等事故。

（2）油气泄漏中毒：阀门不严、结合部位泄漏，倒流程错误造成分离器憋压，易造成油气泄漏中毒事故。

1.2.3.2　计量间翻斗量油操作规程表

具体操作项目、内容、方法等详见表1.2。

表1.2　计量间翻斗量油操作规程表

操作顺序	操作项目、内容、方法及要求	存在风险	风险控制措施	应用辅助工具用具
1	操作前的准备			F形扳手、计算器、纸、笔、活动扳手、时钟
1.1	操作人员应穿戴好劳动保护用品	静电引起火花；划伤手	穿防静电工服，戴手套	

操作顺序	操作项目、内容、方法及要求	存在风险	风险控制措施	应用辅助工具用具
1.2	检查分离器及管汇压力是否正常，各阀门有无渗漏现象，玻璃管是否清洁，标记标尺是否清晰	油气泄漏、机械伤害	确认流程正确、畅通，侧身开关阀门	F形扳手
2	动标操作			
2.1	倒入需动标井进分离器	油气泄漏、机械伤人	确认流程正确、畅通，侧身开关阀门	F形扳手
2.2	打开玻璃管上、下阀门	玻璃管爆、手轮飞出伤人	先开上后开下，侧身开关阀门	F形扳手
2.3	打开气平衡阀门，关闭出口阀门	手轮飞出伤人	侧身操作	F形扳手
2.4	玻璃内液位上升到下标志附近时做好记录开始标定			
2.5	随着玻璃管液面上升记录翻斗斗数，待玻璃管内液面上升至30cm左右翻斗总斗数是偶数时，记录玻璃管液面标尺数值			
2.6	打开分离器出口阀门，关闭分离器气平衡阀门，玻璃内液面压到下标记以下后，关闭玻璃管上、下阀门	玻璃管爆、手轮飞出伤人	先关下后关上，侧身操作	F形扳手
2.7	计算动标斗重			
2.8	计算出动标斗重与分离器静标斗重对比相差超过0.2kg，需再次动标；如仍有偏差，需重新静标			
3.1	收拾工具用具			
3.2	将动标结果填入报表			

1.2.3.3　应急处置程序

（1）若人员发生机械伤害，第一发现人员应立即停运致害设备，现场视伤势情况对受伤人员进行紧急包扎处理；如伤势严重，应立即拨打 120 求救。

（2）发生油气泄漏中毒时，应将中毒人员带离操作现场至通风处，如中毒较深应立即拨打 120 求救。

1.3　油井井口取样操作

1.3.1　油井井口取样操作记忆歌诀

两桶①签笔②纸布③备，流程正确装弯头。

上风④站避硫化氢，死油新油全回收。

三次间隔样桶盖，人⑤间⑥号⑦签⑧记心头。

注释：①两桶——指样桶和污油桶；②签笔——指取样标签和记录笔；③纸布——指记录纸和擦布；④上风——指取样人站在上风头方向；⑤人——指取样人；⑥间——指取样时间，即某日或某日某时；⑦号——指取样的井号；⑧签——指取样标签。

1.3.2　油井井口取样操作安全提示记忆歌诀

油井取样莫忘记，安全事项两点明。

放净死油上风站，预防中毒硫化氢。

1.3.3　油井井口取样操作规程

1.3.3.1　风险提示

疏散站场内外闲杂人员；开关阀门时要侧身慢开；防止泄漏污染、站位在阀门背面，上风头。

1.3.3.2　油井井口取油样操作规程表

具体操作顺序、项目、内容等详见表 1.3。

表 1.3　油井井口取油样操作规程表

操作顺序	操作内容	要素	存在风险	风险控制措施	使用工具
1	准备工作	选择工具用具及劳保着装			弯头、螺纹带、管钳子、破布、污油桶
1.1	检查流程及样桶	检查井口流程、检查样桶:样桶干净,无油、水等杂质	环境污染	流程正确	
1.2	放死油	取样弯头缠螺纹带,上紧、放净死油	液体漏喷	平稳操作,侧身开关阀门,站在阀门背面	弯头、螺纹带、管钳子、破布、污油桶
2	取样操作	抽油机上行取样,分三次取样每次间隔2min,取到样桶容积的3/4处,取样量不少于500mL(750mL标准样桶的2/3)	环境污染	平稳操作	样桶、污油桶
3	取样后操作	取完样后,倒正常生产流程,将取样井号、日期、取样人姓名填写在取样标签上	憋压、环境污染	侧身平稳操作流程正确	管钳子、破布、纸、笔
4	回收污油	将污油桶内的污油倒进污油池	环境污染	平稳操作	污油桶
5	清理场地	收拾工具用具,填写报表			纸、笔

1.3.3.3　应急处置程序

若人员发生物体打击,第一发现人员应立即停运致伤设备,现场视伤势情况对受伤人员进行紧急包扎处理抢救;如伤势严重,应立即拨打 120 求救。

1.4 录取油井井口油压操作

1.4.1 录取油井井口油压操作记忆歌诀

1.4.1.1 关于压力表接头的歌诀

公①英②接头要转换，五五③六十④要分辨。

注释：①公——指公制螺纹，压力表把为公制螺纹；②英——指英制螺纹，阀门的螺纹一般是英制螺纹，俗称管螺纹；③五五——指英制螺纹的牙尖角为55°；④六十——指公制螺纹的牙尖角为60°。

1.4.1.2 录取油井井口油压的歌诀

三一三二①上下限，周期②证书③和标签④。

确认流程上风站，死油入桶⑤料带缠⑥。

表⑦头⑧安装慢打开，三点一线⑨压力看。

记录班报填压力，取人井号和时间。

注释：①三一三二——指实测压力应该在该压力表最大量程的1/3至2/3之间；②周期——指选用的压力表在检定有效期内；③证书——指有该压力表的检定证书；④标签——指选用的压力表表盘上面贴有检定标签；⑤桶——指盛接放出死油的污油桶；⑥料带缠——指分别在压力表表把和压力表接头上缠好生料带，注意缠生料带的方向为逆时针方向，因为表把和接头为顺时针方向的正扣螺纹；⑦表——指压力表；⑧头——指压力表接头；⑨三点一线——指压力表的表盘刻度线、指针和眼睛要成一条垂直于压力表表盘的直线，只有如此才能确保读取的压力值准确。

1.4.2 录取油井井口油压操作安全提示记忆歌诀

选好量程装接头，三点一线看压力。

死油放入污油桶，安全环保心中记。

1.4.3 录取油井井口油压操作规程

1.4.3.1 风险提示

疏散站场内外闲杂人员，防止现场高压伤害、物体打击；开关阀门时要侧身。

1.4.3.2 录取油井井口油压操作规程表

具体操作顺序、项目、内容等详见表 1.4。

表 1.4　录取油井井口油压操作规程表

操作顺序	操作内容	要素	存在风险	风险控制措施	使用工具
1	准备工作	选择工具用具及劳保着装			校检合格量程合理压力表、变丝头、通针、弯头、污油桶、250mm 活动扳手、200mm 活动扳手、擦布、螺纹带、纸、笔等
1.2	检查流程	检查井口生产流程正确	环境污染	流程正确	
1.3	放死油、安装压力表	检查油压表接头通孔，接弯头放死油，卸弯头缠螺纹带安装压力表	磕、碰伤	平稳操作	压力表、250mm 活动扳手、通针、螺纹带、弯头
2	取油压				
2.1	试压	缓慢打开油压表阀门	高压刺伤、物体打击	侧身缓慢操作	200mm 活动扳手
2.2	录取压力值	待压力稳定时，视线正对压力表盘，读出压力值并做好记录	碰伤	平稳操作，站位背对阀门	纸、笔
2.3	拆卸压力表	关油压表阀门	高压刺伤、物体打击	侧身缓慢操作	200mm 活动扳手、擦布
2.4	填写数据				纸、笔
3	清理场地			清洁现场、回收工具、填写记录	纸、笔

1.4.3.3 应急处置程序

（1）若人员发生物体打击，第一发现人员应立即停运致伤设备，现场视伤势情况对受伤人员进行紧急包扎处理抢救；如伤势严重，应立即拨打 120 求救。

（2）若人员发生高压伤害，第一发现人员应立即将伤员移至安全场地，对受伤人员进行紧急包扎处理抢救；如伤势严重，应立即拨打 120 求救。

1.5　录取油井井口套压操作

1.5.1　录取油井井口套压操作记忆歌诀

三一三二①上下限，周期②证书③和标签④。

确认流程上风站，心⑤纹⑥压力表全安。

套阀⑦侧身缓开启，三点一线⑧压力看。

关闭套阀泄压净，表⑨心⑩取下记心间。

取人井号和时间，压力记录班报填。

注释：①、②、③、④——其意义与上文录取井口油压操作记忆歌诀中相同；⑤心——指补心，要安装补心和压力表；⑥纹——指套管阀门接头的内螺纹；安装补心和压力表前先擦净内螺纹；⑦套阀——指套管阀门；⑧三点一线——指压力表的表盘刻度线、指针和眼睛要成一垂直于压力表表盘的直线，只有如此才能确保读取的压力值准确；⑨表——指卸下压力表；⑩心——指卸下补心。

1.5.2　录取油井井口套压安全提示记忆歌诀

选好量程装补心，三点一线看压力。

压力归零卸补心，侧身缓开切牢记。

1.5.3 录取油井井口套压操作规程

1.5.3.1 风险提示

关闭套管阀门时未泄压时，卸压力表，易导致压力表飞出伤人。

1.5.3.2 录取油井井口套压操作规程表

具体操作顺序、项目、内容等详见表1.5。

表 1.5 录取油井井口套压操作规程表

操作顺序	操作项目、内容、方法及要求	存在风险	风险控制措施	应用辅助工具用具
1	操作前准备			
1.1	穿戴好劳动保护用品			
1.2	准备好工具、用具：250mm活动扳手、600mm管钳、补心、变丝头、压力表、压力表控制阀、污油桶、擦布、专用套筒扳手、螺纹带			
1.3	检查井口配件齐全、灵活好用、保养合格、不渗不漏			
2	取套压			
2.1	清理套管出口螺纹			擦布
2.2	在套管上安装补心、变丝头、合适量程压力表；保证各连接部位不渗不漏	碰伤、扭伤	平稳操作	补心、变丝头、螺纹带、压力表、压力表控制阀、活动扳手
2.3	打开套管阀门	用力不当易发生扭伤	侧身平稳操作	管钳、专用套筒扳手
2.4	观察压力表，眼睛、压力表指针和表盘刻度"三点一线"，待读数稳定后记录			纸、笔
2.5	关闭套管阀门、压力表控制阀，打开泄压阀泄压，待压力表指针归零后，缓慢卸下压力表及补心	碰伤、扭伤	侧身平稳操作	活动扳手、管钳、专用套筒扳手、擦布

1.5.3.3　应急处置程序

（1）飞物伤人应急处置：发现有人受伤后，关闭设备电源，立即呼救，迅速开展救援；情况严重时立即拨打 120 求救；创伤出血者迅速包扎止血，送往医院救治。

（2）油水泄漏、刺漏：发现管线穿孔、爆裂后，应根据泄漏量大小，确定停产范围，倒通旁通流程或切换事故流程。并采取措施控制泄漏原油（污水）的污染范围；泄漏源得到控制后，将管线压力泄至零，修补或更换管线；事故得到有效控制后，及时组织人员清理事故现场。

1.6　启动抽油机操作

1.6.1　启动抽油机操作记忆歌诀

验①送②二次③启侧身，启前检查十七点。

启后遵循听摸看④，平稳⑤压力⑥记时间。

注释：①验——指验电；②送——指合闸送电；③二次——指 8 型及以上的抽油机必须二次启动，即当曲柄摆动方向与抽油机运行方向一致时，利用曲柄惯性二次启动；④听摸看——指启动后按"听看摸"的方法全面检查，此处与抽油机井巡回检查记忆歌诀中的"听看摸"一致；⑤平稳——指抽油机启动后压力、电流、温度、整机运行等都要平稳；⑥压力——指井口压力，包括油压、套压、回压。

1.6.2　启动抽油机安全提示记忆歌诀

安全启动抽油机，共有五点要牢记。

查点验电看流程，侧身送电二次启。

1.6.3　启动抽油机操作规程

1.6.3.1　风险提示

启动抽油机时要戴绝缘手套；停抽后要切断电源总开关；操作时平稳；盘车时禁止用手握皮带，防止碰伤，扭伤。

1.6.3.2 启动抽油机操作规程表

具体操作顺序、项目、内容等详见表1.6。

表1.6 启动抽油机操作规程表

操作顺序	操作项目、内容、方法及要求	存在风险	风险控制措施	应用辅助工具用具
1	启动抽油机			
1.1	松开刹车，盘皮带轮1至2圈，使曲柄盘至输出轴的右上方（井口在左前方时）	碰伤	仔细观察	
1.2	送电，按启动按钮或推上启动闸刀，启动抽油机	电弧光灼伤	戴绝缘手套，侧身送电	绝缘手套、试电笔
1.3	五型以上抽油机启动时，应利用惯性二次启动（点启一次抽油机待曲柄自由运动方向与正常运转方向一致时，再次按启动按钮，启动抽油机）			
1.4	启不动时，应关闭电动机断电进行检查，消除故障或确认无误后可再次启动			
1.5	盘车时禁止用手握性皮带，按电钮或推闸刀时要迅速侧身，防止电弧光伤人，不准使用超规定的熔丝或熔片	碰伤，扭伤，电弧光灼伤	侧身平稳操作，仔细观察	250mm活动扳手、600mm管钳、绝缘手套、试电笔
2	启动后的检查			
2.1	各连接部位、减速箱、电动机、轴承等声音正常			
2.2	各部件无异常振动现象，曲柄销和平衡块无松动，驴头上下运动时，井内无金属碰击声			
2.3	滚动轴承温度不大于70℃，以用手触摸不烫手为宜，各转动部位不得漏油			
2.4	井口光杆不得过热，密封圈不得损坏，密封盒不得漏油，采油树不得晃动和渗漏，管路压力正常	油水污染地表土	使用排污桶接排放物	排污桶
2.5	抽油机平衡运转，悬绳器及光杆卡子紧固，测电流平衡率达到85%～100%	触电	平稳操作	绝缘手套、钳形电流表
2.6	检查中发现问题应及时停抽处理，开抽确认正常，操作人员方可离开，巡回检查按规定执行			
2.7	新安装、新投产使用的抽油机，风雨天气、冬季应加密巡检			

1.6.3.3　应急处置程序

（1）若人员发生机械伤害，第一发现人员应立即停运致伤设备，现场视伤势情况对受伤人员进行紧急包扎处理；如伤势严重，应立即拨打 120 求救。

（2）若人员发生触电事故，第一发现人员应立即切断电源，视触电者伤势情况，采取人工呼吸、胸外心脏挤压等方法现场施救；如伤势严重，应立即拨打 120 求救。

1.7　停抽油机操作

1.7.1　停抽油机操作记忆歌诀

验①检②灵活刹车看，沙上③气蜡下④有分。

断电锁片不能忘，一般二一三二⑤分。

关闭回压有必要，长停扫线加保温。

注释：①验——指验电；②检——指检查刹车是否灵活好用，方法是在曲柄由最低位置向上运行约20°时，一手按停止按钮，另一手向回拉刹车把，测试曲柄在 90°或 270°时能立即停止，表明刹车应灵活好用；否则要进行调整，以达到灵活好用；③沙上——指出沙井，驴头要停在稍过上死点的位置；④气蜡下——指气油比高和结蜡严重的井，驴头停在下死点；气油比高的井，驴头停在下死点时，深井泵固定阀压死关闭，井下的气体不能进入深井泵泵筒，可以避免再次启抽时发生气锁现象；结蜡严重的井，驴头停在下死点时，深井泵固定阀压死关闭，避免高含蜡井液进入深井泵泵筒，可以防止长时间停井造成蜡卡；⑤二一三二——指一般井，驴头停在上冲程的 1/2 至 2/3 处。

1.7.2　停抽油机安全提示记忆歌诀

油井停抽常操作，麻痹大意最可怕。

井况不同巧停位，扫线防冻关严阀。

1.7.3 停抽油机操作规程

1.7.3.1 风险提示

停抽油机时要戴绝缘手套；停抽后要切断电源总开关；操作时平稳；盘车时禁止用手握皮带，防止碰伤，扭伤。

1.7.3.2 停抽油机操作规程表

具体操作顺序、项目、内容等详见表 1.7。

表 1.7 停抽油机操作规程表

操作顺序	操作项目、内容、方法及要求	存在风险	风险控制措施	应用辅助工具用具
1	停抽油机			
1.1	按停止按钮，使电动机停止转动，刹紧刹车，切断电源，有保险销的应锁好保险销；一般情况下，曲柄应处于右上方，便于启动	电弧光灼伤、磕伤手	戴绝缘手套，侧身断电，平稳操作	绝缘手套、试电笔
1.2	根据油井情况，让驴头停在适当位置。出砂井的驴头停在稍过上死点；气油比高、结蜡严重或稠油井的驴头停在下死点；一般井的驴头停在上冲程的 1/2 至 2/3 处			
1.3	若停井时间过长，应关闭生产阀门，进行扫线；如果单井罐生产，应灭火停炉，并挂好警示牌			

1.7.3.3 应急处置程序

（1）若人员发生机械伤害，第一发现人员应立即停运致伤设备，现场视伤势情况对受伤人员进行紧急包扎处理；如伤势严重，应立即拨打 120 求救。

（2）若人员发生触电事故，第一发现人员应立即切断电源，视触电者伤势情况，采取人工呼吸、胸外心脏挤压等方法现场施救；如伤势严重，应立即拨打 120 求救。

1.8 更换光杆密封填料操作

1.8.1 更换光杆密封填料操作记忆歌诀

验检①下车②断锁片③，三十四十五④顺型。

格兰黄油涂⑤胶⑥帽⑦，一二零到一八零⑧。

格兰放正压帽紧，开车⑨送电具核清⑩。

注释：①验检：验——指验电；检——指检查确认刹车灵活好用；②下车：下——指驴头停在接近下死点便于操作的位置；车——指刹紧刹车；③断锁片：断——指切断电源；锁片——指合上刹车锁片；④三十四十五——指将 O 形密封垫顺时针方向切成 30°～45°的角；O 形密封垫的切割方向要求必须是顺时针方向（从密封垫上平面看）。因为密封盒压帽的上紧方向都是顺时针的，只有密封垫顺时针切割，才能保证拧紧密封盒压帽时 O 形密封垫抱紧光杆，起到密封作用；否则，紧密封盒时，O 形密封垫将离开光杆，起不到密封作用；O 形密封垫的切割角度要求在 30°～45°之间。因为切割角在 30°以下时，虽然开口接触面增大，但其强度不够；切割角在 45°以上时虽然其强度增大，但开口接触面不够，密封性差；相比较之下，只有切割角在 30°～45°之间，其开口接触面和强度都是最大的；⑤格兰黄油涂：格兰——指把格兰和密封盒压帽一起牢固地吊在悬绳器上；黄油涂——指在切好的 O 形密封垫两面涂少许黄油以起润滑作用，减少密封垫与光杆之间的摩擦阻力；⑥胶——指关闭胶皮阀门；⑦帽——指卸开密封盒压帽；⑧一二零到一八零——指每个 O 形密封垫的开口要错开 120°～180°角；O 形密封垫加入时每个密封垫开口错开角要求在 120°～180°之间，主要是起到增强密封垫整体耐压强度和密封性；⑨开车：开——指打开刹车锁片；车——指松开刹车；⑩具核清：具核——指收回工具和用具并核对不遗落；清——指清理现场。

1.8.2 更换光杆密封填料安全提示记忆歌诀

常作油井加盘根，压帽坠落要防范。

锯弓伤手压帽砸，滴滴鲜血令人寒。

1.8.3 更换光杆密封填料操作规程

1.8.3.1 风险提示

割密封填料时操作不当，割伤手指；未验电操作，导致触电；刹车失灵或未刹紧，抽油机溜车导致机械伤害；开关阀门未侧身，丝杠飞出伤人；压力没泄净进行操作，导致油气水刺漏伤人、油气中毒或环境污染；格兰、密封盒压帽未拴牢掉落砸伤手；悬绳器和井口挤压伤手。

1.8.3.2 更换光杆密封填料操作规程表

具体操作顺序、项目、内容等详见表 1.8。

表 1.8 更换光杆密封填料操作规程表

操作顺序	操作项目、内容、方法及要求	存在风险	风险控制措施	应用辅助工具用具
1	操作前准备			
1.1	正确穿戴劳动保护用品			
1.2	准备好工具、用具：600mm 管钳 1 把、扳手 1 把、300mm 螺丝刀 1 把、电工刀 1 把或锯条 1 根、密封垫若干、悬挂绳一根、黄油少许、擦布、绝缘手套 1 副、试电笔 1 支、污油桶 1 个、纸、笔			
2	切密封垫：顺时针切好密封垫，切口与平面角度在 30°～45°之间	割密封垫时操作不当，割伤手指	正确使用工具，平稳操作	电工刀或锯条
3	检查刹车：检查拉杆、刹车轮销键有无松动、外移，开口销有无缺失；检查刹车片磨损情况不超过 1/3；检查刹车行程是否在 1/3 至 2/3 之间；试刹车是否灵活好用			

操作顺序	操作项目、内容、方法及要求	存在风险	风险控制措施	应用辅助工具用具
4	停抽			
4.1	验电，将抽油机停在近下死点便于操作的位置	触电、弧光灼伤	开启配电箱前正确验电；侧身操作	试电笔
4.2	刹紧刹车，切断电源，合上刹车锁片	刹车失灵或未刹紧，抽油机溜车导致机械伤害	确认刹车轮与刹车片接触面积大于80%；锁死牙块与狗牙槽结合完好	绝缘手套
5	泄压：关回压阀门或生产阀门，有胶皮阀门的，关闭胶皮阀门；没有胶皮阀门或胶皮阀门失灵的，打开取样阀门泄压	开关阀门未侧身，丝杠飞出伤人；压力没泄净进行操作，导致油气水刺漏伤人、油气中毒或环境污染	开关阀门时侧身平稳操作；泄压时站在上风头，用污油桶接放出的残油	扳手、污油桶
6	更换密封填料			
6.1	卸掉密封器压帽取出格兰，用悬挂绳将压帽及格兰固定在悬绳器上	压帽及格兰掉落砸伤手	确认压帽及格兰固定牢固	管钳、螺丝刀、悬挂绳
6.2	取出旧密封填料，加入两面涂抹黄油的新密封填料，切口错开角度在120°～180°之间			螺丝刀、黄油、密封垫若干
6.3	装好格兰和密封器压帽，密封压帽松紧合适			管钳、擦布
7	启抽			
7.1	打开胶皮阀门，关取样阀门，打开回压阀门或生产阀门			扳手
7.2	打开刹车锁片，松刹车，检查抽油机周围应无障碍物，送电开启动抽油机，检查光杆温度和密封器渗漏情况	悬绳器和井口挤压伤手	光杆上行时用手背轻触光杆	绝缘手套
8	收拾工具、用具，清理现场			

1.8.3.3 应急处置程序

（1）挤压伤、撞击伤、磕碰伤、切割伤、物体打击应急处置：发现有人受伤后，关闭设备电源，立即呼救并迅速开展救援，情况严重的，应立即拨打 120 求救；创伤出血者迅速包扎止血，送往医院救治；肢体卷入设备内，立即切断电源；如果肢体仍被卡在设备内，拆除设备部件，无法拆除时拨打 119 报警。

（2）触电应急处置：发生触电事故时，应立即切断电源或用有绝缘性能的木棍（棒）挑开和隔绝电流；主要救护方法是人工呼吸法和胸外心脏挤压法。一旦呼吸和心脏跳动都停止，应当同时进行口对口人工呼吸和胸外挤压；情况严重的，应立即拨打 120 求救。

（3）油水泄漏、刺漏：发现管线穿孔、爆裂后，应根据泄漏量大小，确定停产范围，倒通旁通流程或切换事故流程。并采取措施控制泄漏原油（污水）的污染范围；泄漏源得到控制后，将管线压力泄至零，修补或更换管线；事故得到有效控制后，及时组织人员清理事故现场。

（4）急性中毒应急处置：迅速脱离现场到空气新鲜处；保持呼吸道通畅，呼吸困难时给吸氧，并保持安静和保暖。严重者应迅速送往医院抢救。

1.9 开注水井操作

1.9.1 开注水井操作记忆歌诀

管阀接法①无渗漏，配件齐全查井间②。

完好确认表流量③，管线井口冬防严。

正反合注先明确，流程井口后水间。

油注总阀为正注，反注内套开里边。

三阀④全开是合注，下流底数⑤记水间。

配注流量⑥下流调，井间②各部渗否辨。

渗须停泄⑦并处理，收工清场不能免。

注释：①接法——指各法兰连接处；②井间——指井口和注水间；③表流量：（有的注水间使用电子水表，有的使用流量计）表——指电子水表；流量——指流量计；④三阀——指总阀、油注阀和套注阀；⑤下流底数：下流——指稍打开分水器的下流阀；底数——指记下电子水表或流量计底数；⑥配注流量——指按全井配水量折算的顺时流量；⑦停泄：停——指开注后发现有渗漏应立即停注；泄——指停注后泄压，直至处理正常后方可再次注水。

1.9.2　开注水井安全提示记忆歌诀

注水开井要安全，高压危险切牢记。

冬季阀门先加热，侧身缓开防水击。

1.9.3　开注水井操作规程

1.9.3.1　风险提示

开关阀门可能发生物体打击，要求侧身开关阀门，要求开关平稳，使用扳手工具时可能发生物体掉落击伤。

1.9.3.2　开注水井操作规程表

具体操作顺序、项目、内容等详见表 1.9。

表 1.9　开注水井操作规程表

操作顺序	操作项目、内容、方法及要求	存在风险	风险控制措施	应用辅助工具、用具
准备工作	采油工 2 名，无需持证，互相监护			F 形扳手、250mm、450mm 活动扳手，600mm 管钳子，防盗扳手，破布若干
1	注水操作			
1.1	新投注井或停注 24 小时以上水井要进行洗井和冲洗地面管线；进行冲洗时要注意安全，冲洗排出的污水不可随处排放，防止污染环境	丝杠脱出伤人、环境污染、用力不当时易发生扭伤	侧身操作、罐车或接液坑接液，平稳操作	600mm 管钳、劳保手套

操作顺序	操作项目、内容、方法及要求	存在风险	风险控制措施	应用辅助工具、用具
1.2	按设计要求打开正注或反注阀门，控制流量注水；开关阀门时要侧身操作，严禁正对阀门丝杠操作	丝杠脱出伤人、用力不当时易发生扭伤	侧身操作、平稳操作	600mm 管钳、劳保手套
1.3	注水压力升高后，要检查井口及配水间各连接部位有无渗漏；如有渗漏，应停注泄压后处理，严禁带压操作	丝杠脱出伤人、用力不当时易发生扭伤、磕碰伤	侧身操作、平稳操作、站到安全位置观察运行情况	600mm 管钳、劳保手套

1.9.3.3 应急处置程序

若人员发生机械伤害，第一发现人员应立即停运致伤设备，现场视伤势情况对受伤人员进行紧急包扎处理；如伤势严重，应立即拨打120求救。

1.10 停注水井操作

1.10.1 停注水井操作记忆歌诀

分水器关上下流，表①计②示值底数记。

正反合注先分清，方式不同顺序异。

合注先关内套阀，油注总阀后关闭。

正注总阀和油注，反注内套独自一。

收工清场末一步，记录时间③和压力④。

注释：①、②表计——有的注水间使用电子水表，有的使用流量计；①表——指电子水表；②计——指流量计；③时间——指关井时间；④压力——指井口的油套压和注水间内油压、泵压等。

1.10.2 停注水井安全提示记忆歌诀

注水停井日常作，安全意识勿放松。

侧身开关倒流程，冬季扫线能防冻。

1.10.3 停注水井操作规程

1.10.3.1 风险提示

开关阀门可能发生物体打击，要求侧身开关阀门，要求开关平稳，使用扳手工具可能发生物体掉落击伤。

1.10.3.2 停注水井操作规程表

具体操作顺序、项目、内容等详见表 1.10。

表 1.10 停注水井操作规程表

操作顺序	操作项目、内容、方法及要求	存在风险	风险控制措施	应用辅助工具、用具
准备工作	采油工 2 名，无需持证，互相监护			F 形扳手，250mm、450mm 活动扳手，600mm 管钳子，防盗扳手，破布若干，鼓风机，鼓风机接箍
1	停注操作			
1.1	关闭注水阀门，停止注水；先关注水井井口阀门，然后关闭注水间下流阀门、上流阀门，最后关总阀门，关阀门要平稳、侧身操作，严禁正对丝杠	丝杠脱出伤人、用力不当时易发生扭伤	侧身操作、平稳操作	600mm 管钳、劳保手套
1.2	冬季短时间停注，水井要放溢流，防止冻坏井口或地面管线，长期停注要扫线	环境污染	接液坑接液	劳保手套

1.10.3.3　应急处置程序

若人员发生机械伤害，第一发现人员应立即停运致伤设备，现场视伤势情况对受伤人员进行紧急包扎处理；如伤势严重，应立即拨打120求救。

1.11　注水井录取套压操作

1.11.1　注水井录取套压操作记忆歌诀

三一三二①上下限，周期②证书③和标签④。

确认流程上风站，心⑤纹⑥压力表全安。

套阀⑦侧身缓开启，三点一线⑧压力看。

关闭套阀泄净压，表心⑨取下记心间。

取人井号和时间，记录班报压力填。

注释：①、②、③、④——意义与录取井口油压操作记忆歌诀相同；⑤心——指补心，要安装补心和压力表；⑥纹——指套管阀门接头的内螺纹。安装补心和压力表前先擦净内螺纹；⑦套阀——指套管阀门；⑧三点一线——指压力表的表盘刻度线、指针和眼睛要成一条垂直于压力表表盘的直线，只有如此才能确保读取的压力值准确；⑨表心：表——指卸下压力表；心——指卸下补心。

1.11.2　注水井录取套压安全提示记忆歌诀

选好量程装补心，三点一线看压力。

压力归零卸补心，侧身缓开定牢记。

1.11.3　注水井录取套压操作规程

注水井套压能够反映注水井井下工具工作情况，及时录取注水井套压能够保证注水井的正常生产，完成注水井的配注任务。

1.11.3.1　人员要求

本项目所需人员1人。

1.11.3.2　准备工作

（1）劳保用品准备齐全，穿戴整齐。

（2）工具、用具、材料准备：F形扳手1把，250mm、450mm活动扳手各一把，600mm管钳1把，校检合格、量程合理压力表1块，补心、变丝头、取套压阀门、密封垫各1个，螺纹带若干，污水桶1个，棉纱若干，纸，笔。

1.11.3.3　注水井录取套压操作流程

准备工作→开套管阀门放空→装补心、压力表→开套管阀门读取数值→开压力表泄压阀→卸压力表、补心→清理现场。

1.11.3.4　注水井录取套压风险提示

开关阀门可能发生物体打击，拆卸压力表可能发生高压水击伤。

1.11.3.5　注水井录取套压操作规程表

具体操作顺序、项目、内容等详见表1.11。

表1.11　注水井录取套压操作规程表

操作顺序	操作项目、内容、方法及要求	存在风险	风险控制措施	应用辅助工具用具
1	准备工作			
1.1	准备好工具			管钳、扳手、补心、变丝头、校验合格的适合量程的压力表、污油桶、破布、纸、笔
1.2	穿戴好劳保用品			手套
1.3	检查井口、流程及各阀门，保证无渗漏	高压伤人	开关阀门侧身	
2	操作步骤			
2.1	打开套管阀门放空	物体打击	开关阀门侧身	管钳
2.2	待溢流稳定后，关闭套管阀门	物体打击	开关阀门侧身	管钳

操作顺序	操作项目、内容、方法及要求	存在风险	风险控制措施	应用辅助工具用具
2.3	上紧补心、变丝头，压力表			管钳、扳手、补心、变丝头、压力表
2.4	缓慢打开套管阀门	物体打击	开关阀门侧身	管钳
2.5	待压力稳定后，读值并记录			纸、笔
2.6	关闭套管阀门	物体打击	开关阀门侧身	管钳
2.7	缓慢卸松补心，待压力归零后再完全卸下	高压伤人	开关阀门侧身	管钳、扳手
3	清理现场			破布
3.1	回收污油、破布			污油桶
3.2	清理井口			破布

1.11.3.6 应急处置程序

（1）若人员发生机械伤害，第一发现人员应立即停运致伤设备，现场视伤势情况对受伤人员进行紧急包扎处理；如伤势严重，应立即拨打120求救。

（2）若人员发生高压伤人事故，第一发现人员应立即切断管网阀门，视伤势情况，采取人工呼吸、胸外心脏挤压等方法现场施救；如伤势严重，应立即拨打120求救。

1.12 抽油机井憋压操作

1.12.1 抽油机井憋压操作记忆歌诀

三一三二①上下限，周期②证书③和标签④。

流程渗漏上风站，取下油表⑤新表安。

表阀[6]侧身缓开启，三点一线[7]压力看。

关闭回压记时间，压力三十[8]看改变。

憋压高到二点五，验电停机压力点[9]。

回压打开油表换，时间压力表格填。

收工清场末一步，管泵状态看曲线。

注释：①、②、③、④——意义与录取井口油压操作记忆歌诀相同；⑤油表——指井口原本安装测取油压的压力表；⑥表阀——指压力表的控制阀门；⑦三点一线——指压力表的表盘刻度线、指针和眼睛要成一条垂直于压力表表盘的直线，只有如此才能确保读取的压力值准确；⑧三十——指开机憋压和停机憋压都要每 30s 读取一个压力值（也有每个上下冲程分别记录压力值的）；⑨压力点——指记录停机憋压时压力随时间变化的情况。

1.12.2 抽油机井憋压安全提示记忆歌诀

装好接头压力表，三点一线读得准。

开机憋压二点五，停机憋压用十分。

1.12.3 抽油机井憋压操作规程

1.12.3.1 风险提示
疏散站场内外闲杂人员，防止现场高压伤害、物体打击、机械伤害；启、停抽油机时要戴绝缘手套，防止触电；停抽后要切断电源总开关、验电；开关阀门时要侧身。熟悉井场内抽油机流程防止错误操作造成人员或设备损坏。

1.12.3.2 抽油机井憋压操作规程表
具体操作顺序、项目、内容等详见表 1.12。

1.12.3.3 应急处置程序
（1）若人员发生机械伤害，第一发现人员应立即停运致伤设备，现场视伤势情况对受伤人员进行紧急包扎处理；如伤势严重，应立即

表 1.12 抽油机井憋压操作规程表

操作顺序	操作内容	要素	存在风险	风险控制措施	使用工具
1	准备工作	选择工具、用具及材料、劳保着装			250mm 和 300mm 活动扳手各 1 把、螺纹带、专用扳手或管钳、取样弯头、校检合格合适量程的压力表、变丝头、密封垫、计时器、污油桶、试电笔、绝缘手套、棉纱、纸、笔
2	操作前检查	检查井口流程正常，各部位无渗漏，具备操作条件	物体打击、环境污染	站位合理、平稳操作、井口流程正确，无渗漏	
3	憋压操作	卸下井口油压表	环境污染、磕伤	缓慢平稳操作	250mm 活动扳手、弯头
		安装弯头、放死油	环境污染、人身伤害	站上风头，残液回收时缓慢平稳操作	放空桶、棉纱
		换上量程合理、校验合格的压力表，打开油压表阀门	磕伤、打击	缓慢平稳侧身操作	压力表、变丝头、螺纹带
		记录初始压力表读数	物体打击	站位合理读数	纸、笔
		关闭回压阀门	环境污染、打击	侧身缓慢操作	600mm 管钳
		记录抽憋压力值	物体打击	站位合理读数	纸、笔、计时器
		验电	触电、灼伤	侧身操作	绝缘手套、试电笔
		将抽油机停在上死点或下死点，刹车断电	触电、夹手、机械伤害	戴绝缘手套侧身平稳操作	绝缘手套
		记录停憋压力值	物体打击	站位合理读数	纸、笔、计时器
		关油压表阀门，打开回压阀门泄压，归零后换回原来的压力表	磕伤、环境污染	侧身缓慢操作、残液回收	600mm 管钳、活动扳手、棉纱、放空桶
4	启动抽油机	按启动抽油机操作规程操作	触电、灼伤	戴绝缘手套侧身平稳操作	绝缘手套

操作顺序	操作内容	要素	存在风险	风险控制措施	使用工具
5	画曲线	画憋压曲线，判断油井工作状况	划伤	平稳操作	纸、笔
6	清理场地	清洁回收填写记录		清洁现场、回收工具、填写记录	纸、笔

拨打 120 求救。

（2）若人员发生触电事故，第一发现人员应立即切断电源，视触电者伤势情况，采取人工呼吸、胸外心脏挤压等方法现场施救；如伤势严重，应立即拨打 120 求救。

（3）若人员发生物体打击，第一发现人员应立即停运致伤设备，现场视伤势情况对受伤人员进行紧急包扎处理抢救；如伤势严重，应立即拨打 120 求救。

1.13 更换抽油机皮带操作

1.13.1 更换抽油机皮带操作记忆歌诀

验电近上①刹车灵，断②锁③罩④顶⑤轨⑥前移。

新旧⑦后一⑧对角上，装罩开锁车送⑨启。

顶丝黄油防生锈，收工清场检查离。

注释：①近上——指抽油机停在接近上死点便于操作的位置；②断——指切断电源；③锁——指合上刹车锁片；④罩——指若有皮带罩时，卸下皮带罩；⑤顶——指卸松电动机滑轨顶丝；⑥轨——指电动机滑轨；⑦新旧——指取下旧皮带，装上规格型号一致的新皮带；⑧后一：后——指向后移动电动机滑轨；一——指检测皮带的"四点一线"；⑨车送：车——指松开刹车；送——指合闸送电。

1.13.2　更换抽油机皮带安全提示记忆歌诀

验电检查刹车灵，莫戴手套夹手防。

登高注意防跌落，先松顶丝不能忘。

1.13.3　更换抽油机皮带操作规程

1.13.3.1　风险提示

雨天、雪天、五级风以上天气禁止操作；验电、停电时要戴绝缘手套；防止电弧伤人；启、停油井时要戴绝缘手套并侧身，停抽后必须切断电源，并刹好刹车；扒皮带、上皮带时注意防止机械夹伤或绞伤。

1.13.3.2　抽油井换皮带操作规程表

具体操作顺序、项目、内容等详见表 1.13。

表 1.13　抽油井换皮带操作规程表

操作顺序	操作项目、内容、方法及要求	存在风险	风险控制措施	应用辅助工具用具
1	换抽油机皮带前，用试电笔确认抽油机、配电箱无漏电现象；如漏电应停止作业，并报告值班干部	电弧光灼伤	戴绝缘手套，侧身	绝缘手套、试电笔
2	检查调整刹车完好	刹车锁片夹伤	刹车行程 1/3 至 2/3 处	
3	按抽油机配电箱停止按钮，刹牢刹车，拉开电源开关	电弧光灼伤	戴绝缘手套，侧身停电	绝缘手套
4	松开电动机或滑轨前顶丝到合适位置，松开电动机固定螺丝或滑轨固定螺丝，用撬杠或其他工具向内移动电动机到位，使皮带完全松弛			
5	取下旧皮带，并换上新皮带；不允许不调整电动机更换皮带	转动部位机械伤害或绞伤	不能用手抓皮带而是要平推不能戴手套	劳动保护服装但不能戴手套

操作顺序	操作项目、内容、方法及要求	存在风险	风险控制措施	应用辅助工具用具
6	调整顶丝，使皮带松紧合适（松紧度为下压皮带1到2指；数量不少于4根），再调整电机位置，使减速箱皮带轮与电动机皮带轮在一平面（四点一线），然后紧固电机底座或滑轨固定螺丝			
7	清理回收工具、用具，清理场地			

1.13.3.3 应急处置程序

（1）若人员发生机械伤害，第一发现人员应立即停运致伤设备，现场视伤势情况对受伤人员进行紧急包扎处理；如伤势严重，应立即拨打120求救。

（2）若人员发生触电事故，第一发现人员应立即切断电源，视触电者伤势情况，采取人工呼吸、胸外心脏挤压等方法现场施救；如伤势严重，应立即拨打120求救。

1.14 抽油机一级保养操作

1.14.1 抽油机一级保养操作记忆歌诀

验电下①断②车锁片③，"十字作业"④不能少。

两米上作业登高，安带系好又挂牢。

雨雪天气防漏电，七八百时⑤不能超。

开锁⑥松电⑦启二次⑧，收工清场定做好。

注释：①下——指抽油机驴头停在接近下死点便于操作的位置；②断——指切断电源；③车锁片：车——指刹紧刹车；锁片——指合上刹车锁片；④"十字作业"——指以"紧固、润滑、调整、清洁、防腐"为内容的作业；紧固指紧固各部螺栓；润滑指各部轴承和减速箱加足够的润滑脂；调整指调整刹车行程在齿板行程的1/3至2/3之间；调整皮带的松紧度和"四点一线"；检查调整紧固电器部分各触点；清洁指清洗抽油机外部油污和呼吸阀、刹车蹄片；防腐指对脱漆、生锈部位进行除锈防腐处理；⑤七八百时——指抽油机一级保养周期为 700~800 小时，绝大多数油田采取一个月为一级保养周期；⑥开锁——指打开刹车锁片；⑦松电：松——指松开刹车；电——指合闸送电；⑧启二次——指 8 型及以上的抽油机必须二次启动。

1.14.2 抽油机一级保养安全提示记忆歌诀

一级保养抽油机，"十字作业"十七点。

登高系好安全带，生产安全须牢记。

1.14.3 抽油机一级保养操作规程

1.14.3.1 风险提示

刹车失灵，导致抽油机伤害；未停抽进入抽油机运转范围内拿取工具，导致撞击伤、挤压伤；登高检查抽油机部件未系安全带，导致高处坠落；未验电进行操作，导致触电；剪刀差不符合要求，导致连杆变形；悬绳器钢丝绳断裂，导致人员伤害。

1.14.3.2 抽油机保养操作规程表

具体操作顺序、项目、内容等详见表 1.14。

表 1.14　抽油机保养操作规程表

操作顺序	操作项目、内容、方法及要求	存在风险	风险控制措施	应用辅助工具用具
1	准备工作			
1.1	穿戴好劳保用品			
1.2	准备齐全工具、用具：250mm、300mm、375mm、450mm 活动扳手各 1 把，600mm 管钳 1 把，1m 橇杠 1 根，黄油枪，试电笔，绝缘手套，安全带，直尺，水平尺，塞尺，游标卡尺，擦布，工程细线，柴油，锂基质润滑油，斜铁，线锤，0.75kg 手锤，机油，机油壶，电工工具一套，钢卷尺			

操作顺序	操作项目、内容、方法及要求	存在风险	风险控制措施	应用辅助工具用具
2	一级保养操作规程			
2.1	运转 800±8 小时，由井组岗位工人或指定分管设备的工人进行一级保养			
2.2	验电、停抽、刹车，切断总电源			试电笔、绝缘手套
2.3	保养包括例行保养的各项内容			
2.4	对电动机、电器和线路外部进行检查；配电箱附件有无缺损；线路是否老化破损；启动、停止按钮是否灵活好用；测试漏电保护器或接地装置是否正常；电动机温度是否正常	触电	佩戴手套	绝缘手套、试电笔、电工工具
2.5	检查刹车片磨损情况，如磨损度超过1/3，应及时更换刹车片；更换刹车片后，调整刹车轮与刹车片张合度均匀，接触面积是否达到80%（肉眼观察刹车片是否紧贴刹车轮毂）；调整刹车行程在1/3至2/3之间；检查刹车轮销键有无松动、外移情况；测试曲柄向上运行20°、90°、270°时的刹车灵敏度；拉杆式刹车；检查锁死牙块与狗牙槽结合情况，如发现问题，应及时更换；检查纵横向拉杆销子是否松动或外移，开口销有无缺失，如发现问题，及时更换或增补	刹车失灵，导致抽油机伤害	配齐配全配件	管钳、活动扳手
2.6	打开减速箱检视孔，检查齿轮啮合情况和磨损情况	坠落伤害、机械伤害	仔细观察，站位正确、正确佩戴安全带和安全帽	活动扳手、安全带
2.7	检查减速箱油面，保证机油到规定高度（在视孔的1/3至2/3之间），同时保养减速箱、横梁、游梁和连杆的各部轴承	落物伤人、机械损坏、滑跌摔伤、夹手指、闪腰、磕碰撞伤、扭伤、机械伤害	正确佩戴安全带、安全帽、劳保手套，站位正确	活动扳手、黄油枪、锂基质润滑油

操作顺序	操作项目、内容、方法及要求	存在风险	风险控制措施	应用辅助工具用具
2.8	清洗减速箱呼吸阀	坠落伤害、扭伤、滑跌摔伤、闪腰、机械伤害。	正确佩戴安全带和安全帽，仔细观察，站位正确	擦布、柴油、污油桶、磁铁
2.9	检查抽油机平衡状况，并及时进行调整	坠落伤害、机械伤害、闪腰、扭伤、坠物伤人	穿戴好劳保用品，站位正确	活动扳手、撬杠
2.10	检查减速箱皮带轮与电动机皮带轮"四点一线"，保证平行对正，距离适当	机械伤害、滑跌摔伤、夹伤手指	站位正确，佩戴劳保手套	活动扳手、工程细线
2.11	检查工具、用具，检查抽油机周围无障碍物，松刹车，送电并启动抽油机			绝缘手套
2.12	抽油机运行后，检查抽油机运行是否正常			

1.14.3.3 应急处置程序

（1）挤压伤、撞击伤、磕碰伤、飞物伤人应急处置：发现有人受伤后，关闭设备电源，立即呼救，迅速开展救援，情况严重的，应立即拨打120求救；创伤出血者迅速包扎止血，送往医院救治；肢体卷入设备内，立即切断电源，如果肢体仍被卡在设备内，拆除设备部件，无法拆除则拨打119报警。

（2）高处坠落应急处置：监护人发现事故后，立即呼救，迅速展开救援；情况严重的，应立即拨打120求救；出现肢体骨折后，要平稳抬动或拖动，避免脊椎和内脏受伤。

（3）触电应急处置：发生触电事故时，应立即切断电源或用有绝缘性能的木棍棒挑开和隔绝电流；主要救护方法是人工呼吸法和胸外心脏挤压法。一旦呼吸和心跳都停止，应当同时进行口对口人工呼吸和胸外挤压，情况严重的，应立即拨打120求救。

1.15 抽油机井测电流操作

1.15.1 抽油机井测电流操作记忆歌诀

验电查表①钳口净，针式锁定先调零②。

压柄钳开③选挡位，导线垂直表放平④。

上下冲程取峰值⑤，三相平均⑥计算清。

收工清场末一步，下流上流⑦平衡定⑧。

注释：①查表——指检查表体完好；②针式锁定先调零——指指针式电流表要用平口螺丝刀调零，并将锁定键锁定；③压柄钳开——指压下压柄使钳口打开；④表放平——指表体处于水平位置，导线垂直并居于钳口中央；⑤峰值——指分别读取抽油机上、下冲程时的峰值电流；⑥三相平均——指三相上冲程的平均峰值电流和三相下冲程的平均峰值电流；⑦下流上流——指三相下冲程的平均峰值电流比上三相上冲程的平均峰值电流，即抽油机的平衡比；⑧定——指判定抽油机的平衡情况，如平衡比不在85%~110%之间，应重新调整直至合格为止。

1.15.2 抽油机井测电流安全提示记忆歌诀

手套验电不能忘，导线垂直居中央。

压开钳口调挡位，从大到小逐换挡。

1.15.3 抽油机井测电流操作规程

1.15.3.1 风险提示

雨天、雪天、五级风以上天气禁止操作，验电时要戴绝缘手套，测电流要戴绝缘手套，防止电弧伤人。

1.15.3.2 抽油井测电流操作规程表

具体操作顺序、项目、内容等详见表1.15。

表 1.15　抽油井测电流操作规程表

操作顺序	操作项目、内容、方法及要求	存在风险	风险控制措施	应用辅助工具用具
1	验电用试电笔确认配电箱无漏电现象	电弧光灼伤	戴绝缘手套，侧身送电	绝缘手套、试电笔
2	使用指针式钳型电流表，检查、调整电流表指针指在零位；如不在零位，应调节表盖上机械零位调节旋钮至零位			
3	选择电流表挡位调节旋钮拨到最大挡位，将电流表钳套在被测三相中的任意一相导线，电流表钳环与导线垂直、间距均匀，由大到小选择挡位（拨挡时应使电流表钳口张开），使电流测量值在电流表量程的 1/3 至 2/3 之间内	电弧光灼伤	戴绝缘手套，侧身送电，钳口不要碰到配电箱内裸露带电部分	绝缘手套、试电笔
4	当电流表反映上、下电流较平稳后，分别读出驴头上冲程中的峰值电流和驴头下冲程中的峰值电流；指针式钳型电流表读值时，眼睛、指针、刻度成一条垂直于表盘的直线			
5	张开表钳与被测导线完全分离			
6	测抽油机电流后，计算平衡率，按要求及时将有关数据填入报表。平衡率 =（下冲程电流峰值 / 上冲程电流峰值）× 100%			
7	清理回收工具，用具，清理场地			

1.15.3.3　应急处置程序

若人员发生触电事故，第一发现人员应立即切断电源，视触电者伤势情况，采取人工呼吸、胸外心脏挤压等方法现场施救；如伤势严重，应立即拨打 120 求救。

1.16 更换阀门法兰垫片操作

1.16.1 更换阀门法兰垫片操作记忆歌诀

开关①泄压停运牌，尺量剪圆②把手垫。

卸阀③取垫刮刀清，装阀三条④撬法兰。

涂油⑤放正对角紧，稍开上流压空关⑥。

上下⑦打开原流程⑧，收工清场操作完。

注释：①开关：开——指打开旁通阀门；关——指关闭待更换法兰垫片的阀门的上下流阀门泄压；②尺量剪圆：尺量——指测量阀门法兰尺寸；剪圆：圆——指用画规在准备好的石棉板上画出同心圆；剪——指用剪刀剪出留有把手的垫片；③卸阀——指卸下要换垫片的阀门；④装阀三条：装阀——指把卸下来并已经清理好法兰平面和水纹线的阀门装回原位；三条——指每侧法兰先装三条螺栓，留一条螺栓的位置，便于放入垫片；⑤涂油——指垫片加入前将其两面涂少许黄油；⑥压空关：压——指试压；空关——指关闭泄压放空阀；⑦上下——指打开前面关闭的上、下流阀门；⑧原流程——指倒回原来正常生产流程。

1.16.2 更换阀门法兰垫片安全提示记忆歌诀

更换阀门法兰垫，操作风险切莫忘。

切断流程泄净压，剪刀刮刀手莫伤。

1.16.3 更换法兰垫片操作规程

1.16.3.1 更换法兰垫片操作流程

其操作流程示意图如图 1.1 所示。

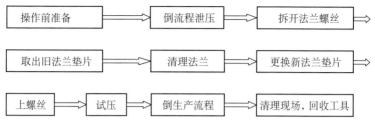

图 1.1　更换法兰垫片操作流程示意图

1.16.3.2　更换法兰垫片风险提示

倒流程泄压时，压力一定要泄净，防止液体喷泄，人员要避开泄压点；紧固法兰螺丝时，对角要拧紧，防止偏斜造成刺漏；卸法兰 4 个螺栓时，只需取下 1 个螺栓，其他 3 个不必取出，防止管线拉力过大或蹩劲而对不准中心，上法兰时困难。

1.16.3.3　更换法兰垫片操作规程表

具体操作顺序、项目、内容等详见表 1.16。

表 1.16　更换法兰垫片操作规程表

操作顺序	操作项目、内容、方法及要求	存在风险	风险控制措施	应用辅助工具用具
1	操作前准备工作			
1.1	检查现场流程，清理现场周围障碍物，保证工作现场合格达标			
1.2	准备好工具和制作符合规格的新法兰垫片			
1.3	该项工作由 1 人操作完成，穿戴好劳动保护，在操作中注意安全			
2	倒流程放空泄压。先关上、下流阀门，再开放空阀	环境污染；丝杠飞出伤人	将泄压液体回收处理；避开丝杠正前方操作	阀门扳手、收油袋子
3	取出旧法兰垫片			
3.1	拆开法兰螺丝	碰伤	平稳操作	250mm 活动扳手
3.2	把旧法兰垫片取出	磕碰手	仔细观察	撬杠或螺丝刀

操作顺序	操作项目、内容、方法及要求	存在风险	风险控制措施	应用辅助工具用具
3.3	清理干净法兰片	碰伤	平稳操作	撬杠、螺丝刀、手锤
4	更换新法兰垫片			
4.1	换上新法兰垫片，位置要对中	夹伤手	注意保持距离	撬杠
4.2	对角上紧螺丝，要求不偏不斜，对正压紧	碰伤	平稳操作	250mm 活动扳手
5	关放空阀，开下流阀试压，不渗不漏为合格	环境污染；丝杠飞出伤人	准备好收油袋；避开丝杠正前方操作	阀门扳手、收油袋子
6	倒回原流程，恢复正常生产	碰伤或扭伤；丝杠飞出伤人	平稳操作；避开丝杠正前方操作	阀门扳手
7	清理现场，回收工具、用具，严禁现场污染	环境污染	清理干净现场	

1.16.3.4 应急处置程序

（1）若人员发生机械伤害，现场视伤势情况对受伤人员进行紧急包扎处理；如伤势严重，应立即拨打 120 求救。

（2）发生液体泄漏时，首先关闭上、下流阀门，再关放空阀。

（3）出现法兰不对中后，首先卸掉 2 个对角法兰螺栓，另 2 个对角螺栓卸松不卸掉，然后用撬杠校正后再上紧。

1.17 抽油机井碰泵操作

1.17.1 抽油机井碰泵操作记忆歌诀

1.17.1.1 概括碰泵操作程序记忆歌诀

负荷卡子上下移，载荷两卸又两吃。

碰泵憋压防冲距①，不忘重复锉毛刺。

注释：①防冲距——指上移悬绳器和下移悬绳器时，其移动距离都要略微超过防冲距，这个略微的距离一般依现场实际经验而定。

1.17.1.2 第一步：卸负荷记忆歌诀

验电刹车断①锁②合，驴头停近下死点。

卸载方卡盒③上打，开锁松车④启送电。

松辫⑤刹车锁合断①，卸下负荷一步先。

注释：①断——指断电；②锁——指刹车锁片；③盒——指井口密封盒；④松车——指松开刹车；⑤松辫——指卸下驴头负荷时毛辫子的辫绳松弛，辫绳松弛是驴头负荷真正卸下的唯一标志。

1.17.1.3 第二步：上移负荷卡子记忆歌诀

负荷方卡原记号①，防冲距上量记尺②。

松卡③标记托上移④，紧锁⑤松车负荷吃。

刹车合锁卸载去⑥，到此不忘锉毛刺⑦。

注释：①原记号——指在负荷卡子上平面处的光杆上做记号；②上量记尺：上——指在光杆上从原记号处向上量出与防冲距等长的距离；量记尺——指量准距离并做好标记；③松卡——指卸松负荷卡子的固定螺栓；④托上移：托——指双手托起卡子；上移——指将负荷卡子上移到与防冲距等长的距离的标记处；⑤紧锁：紧——指紧固负荷卡子的固定螺栓；锁——指打开刹车锁片；⑥卸载去——指将坐在井口密封盒上的卸载卡子的固定螺栓卸下，并把卸载卡子从密封盒上取下来；⑦锉毛刺——指未应用无伤害光杆卡子时，卡子卡紧后，在光杆上留有毛刺，应用锉刀将光杆上的毛刺锉平。

1.17.1.4 第三步：碰泵记忆歌诀

开①松②电启③三五次④，碰多损坏凡尔❶忌。

注释：①开——指打开刹车锁片；②松——指松开刹车；③电启：电——指送电；启——指启动抽油机；④三五次——指碰泵一般碰 3 至 5 次，次数过多容易碰坏固定阀罩。

---

❶凡尔即阀，现场作业中也称凡尔，为歌诀押韵考虑，故歌诀中凡尔不改为阀。

1.17.1.5　第四步：提防冲距、憋压记忆歌诀

再次卸载防距超①，原位②打牢负荷卡。

再吃负荷③平毛刺④，开抽效果看憋压⑤。

收工清场流程复⑥，填写记录班报加。

注释：①防距超——指第二次卸载时，悬绳器下行的距离要超过防冲距；②原位——指第一次卸载前，负荷卡子做记号的位置；③再吃负荷——指第二次让毛辫子和悬绳器吃负荷；④平毛刺——指第二次卸掉密封盒上的卸载卡子后第二次锉平毛刺；⑤看憋压——指通过憋压查看碰泵的效果；⑥流程复——指倒回原来正常生产流程。

1.17.2　抽油机井碰泵安全提示记忆歌诀

打牢卡子防脱落，手抓光杆手砸掉。

千万核准防冲距，碰掉凡尔不得了。

1.17.3　抽油机井碰泵操作规程

1.17.3.1　风险提示

不打光杆卡子进行操作，导致挤压伤；手放在悬绳器上压板与卡子之间，导致挤压伤；站在井口或悬绳器上背对驴头操作，导致被驴头和毛辫子挤压伤；未验电进行操作导致触电。

1.17.3.2　抽油机井碰泵操作规程表

具体操作顺序、项目、内容等详见表1.17。

表 1.17　抽油机井碰泵操作规程表

操作顺序	操作项目、内容、方法及要求	存在风险	风险控制措施	应用辅助工具用具
1	操作前准备			
1.1	按规定正确穿戴好劳动防护用品			

操作顺序	操作项目、内容、方法及要求	存在风险	风险控制措施	应用辅助工具用具
1.2	准备好工具用具：375mm、450mm活动扳手各1把，300mm中平锉1把，0.75kg手锤1把，方卡子1副，棉纱若干，试电笔1支，绝缘手套1副，石笔1支，钢板尺1把，记录用纸笔			
2	检查刹车：检查拉杆、刹车轮销键无松动、外移，开口销无缺失；检查刹车片磨损情况不超过1/3；检查刹车行程是否在1/3至2/3之间；试刹车是否灵活好用			
3	碰泵操作			
3.1	验电，停抽，将驴头停在接近下死点位置，刹紧刹车，切断电源，合上刹车锁片	触电、弧光伤人；刹车失灵导致机械伤害	发现刹车存在问题时，应处理后再进行操作	试电笔、绝缘手套
3.2	在光杆密封盒上打紧方卡子，打开刹车锁片，松刹车，送电，启动抽油机，卸去驴头载荷，再刹紧刹车，断电，合上刹车锁片	不打光杆卡子进行操作，导致挤压伤	应打紧卡子后进行操作	方卡子、绝缘手套、375mm活动扳手、450mm活动扳手
3.3	在悬绳器方卡子原位置光杆上做好记号，向上用直尺量出大于防冲距的距离做好记号			石笔、钢板尺
3.4	用扳手卸松悬绳器方卡子的紧固螺栓			375mm活动扳手、450mm活动扳手
3.5	双手托举悬绳器上的方卡子将其移至记号处，上紧固定螺栓	手放在悬绳器上压板与卡子之间，导致挤压伤；站在井口或悬绳器上背对驴头操作，导致被驴头和毛辫子挤压伤	操作时应避免手抓光杆，禁止站在井口或悬绳器上背对驴头操作	375mm活动扳手、450mm活动扳手

操作顺序	操作项目、内容、方法及要求	存在风险	风险控制措施	应用辅助工具用具
3.6	打开刹车锁片，缓慢松刹车，使驴头吃上载荷后再刹紧刹车，合上刹车锁片，卸掉井口光杆密封盒上方卡子，锉平光杆毛刺			375mm活动扳手、450mm活动扳手、300mm中平锉
3.7	打开刹车锁片，松刹车，送电并启动抽油机，碰泵3至5次，在光杆密封盒侧面检查碰泵情况			绝缘手套
3.8	停机，将曲柄停在接近水平便于操作的位置，刹紧刹车，切断电源，合上刹车锁片，在井口光杆密封盒上打好方卡子，拧紧密封盒上方的方卡子螺栓，打开刹车锁片，松刹车，送电，开抽，卸去驴头载荷，直到把悬绳器下放到原位置，停抽，刹紧刹车，断电，合上刹车锁片	触电、弧光伤人；刹车失灵或未刹紧，导致挤压伤、撞击伤	戴绝缘手套，侧身平稳操作	方卡子、绝缘手套、375mm活动扳手、450mm活动扳手
3.9	将方卡子移至碰泵前位置（下记号处），打紧方卡子	手放在悬绳器上压板与卡子之间，导致挤压伤；站在井口或悬绳器上背对驴头操作，导致被驴头和毛辫子挤压伤	操作时应避免手抓光杆；禁止站在井口或悬绳器上背对驴头操作	方卡子、375mm活动扳手、450mm活动扳手、
3.10	打开刹车锁片，缓慢松开刹车使驴头吃上载荷，刹紧刹车，合上刹车锁片，卸掉密封盒上方卡子，沿水平方向锉光杆毛刺			375mm活动扳手、450mm活动扳手、300mm中平锉
3.11	打开刹车锁片，松开刹车，检查抽油机周围应无障碍物，送电开抽，检查有无上刮、下碰现象			绝缘手套
3.12	收拾工具、用具，清理现场			

1.17.3.3 应急处置程序

（1）挤压伤、撞击伤、磕碰伤、飞物伤人应急处置：发现有人受伤后，关闭设备电源，立即呼救，迅速开展救援，情况严重的，应立即拨打120求救；创伤出血者迅速包扎止血，送往医院救治；肢体卷入设备内，立即切断电源，如果肢体仍被卡在设备内，拆除设备部件，无法拆除则拨打119报警。

（2）触电应急处置：发生触电事故时，应立即切断电源或用有绝缘性能的木棍棒挑开和隔绝电流；主要救护方法是人工呼吸法和胸外心脏挤压法。一旦呼吸和心跳都停止，应当同时进行口对口人工呼吸和胸外挤压；情况严重的，应立即拨打120求救。

1.18　调整抽油机井防冲距操作

1.18.1　调整抽油机井防冲距操作记忆歌诀

1.18.1.1　操作前确认记忆歌诀

验电刹车确认起，手抓光杆伤害易。

调大调小先分清，停机移卡①逆标记②。

调大停机游梁平③，向下负荷④与标记。

调小停近下死点⑤，向上负荷⑥与标记。

注释：①移卡——指移动负荷卡子；②逆标记：逆——指调大调小标记的方向相反；标记——指在光杆上量出要调整的距离，并做好记号；③游梁平——指停机时游梁处于水平位置；④向下负荷：向下——指调大防冲距时，标记与负荷卡子都向下；负荷——指负荷卡子；⑤近下死点——指驴头停在距下死点10～15cm；⑥向上负荷：向上——指调小防冲距时，标记与负荷卡子都向上；负荷——指负荷卡子。

1.18.1.2　操作步骤记忆歌诀

刹断合锁盒上卡①，开锁松车送电启。

悬点载荷卸盒上②，方卡与盒勿撞击。

刹断合锁第二次，卡子螺栓卸标记。

负荷卡子移记牢③，开锁慢松负荷起④。

刹车忌猛⑤断锁片，负荷卡子牢必须。

卸载卡子锉毛刺，开锁松车再送启⑥。

不刮不碰⑦查效果，收工清场录⑧清晰。

注释：①刹断合锁盒上卡：刹断合锁——指刹紧刹车、断电、合上刹车锁片；盒上卡——指在密封盒是打牢卸载卡子；②卸盒上——指把悬点载荷卸下来，座于密封盒上；③移记牢：移记——指将负荷卡子移动到已做标记的位置；牢——指打牢负荷卡子；④负荷起——指毛辫子吃上负荷；⑤忌猛——指缓慢松刹车，不能过猛，要使驴头缓慢吃上负荷；⑥再送启——指再次打开刹车锁片、松开刹车、送电启抽；⑦不刮不碰——指井口以下光杆接箍不刮不碰井口油管挂；井口以上光杆不能刮碰毛辫子和驴头；调小防冲距时驴头运行到下死点井下不能碰泵；⑧录——指填写班报和交接班记录等相关记录。

1.18.2 调整抽油机井防冲距安全提示记忆歌诀

打牢卡子防脱落，手抓光杆手砸掉。

千万核准防冲距，碰掉凡尔不得了。

1.18.3 调整抽油机井防冲距操作规程

1.18.3.1 风险提示

启、停抽油机时要戴绝缘手套；停抽后要切断电源总开关；方卡子一定要打牢，以防下滑伤人；操作时严禁手握光杆；平稳操作。

1.18.3.2 抽油机井调防冲距操作规程表

具体操作顺序、项目、内容等详见表1.18。

表 1.18　抽油机井调防冲距操作规程表

操作顺序	操作项目、内容、方法及要求	存在风险	风险控制措施	应用辅助工具用具
1	将抽油机停在合适的位置，刹紧刹车，切断电源，有保险销的应锁好保险销	电弧光灼伤	戴绝缘手套，侧身断电	绝缘手套、试电笔
2	在密封盒上方打好方卡子，松开刹车，盘车（大型抽油机可点启）使卡子坐在井口上，卸去驴头负荷，在光杆上做好标记	碰伤或刮伤	站姿准确，手握牢	600mm 管钳
3	增加防冲距时，下移悬绳器上方卡子到预定位置；缩小防冲距时，上移悬绳器上方卡子到预定位置，同时将卡子打紧	碰伤	仔细观察	600mm 管钳
4	防冲距（泵挂的万分之五）标准为生产和措施时不得产生碰泵			
5	缓慢松开刹车，使悬绳器压板平整，承受光杆全部负荷，然后卸去井口卡子			
6	清除抽油机周围障碍物，送电并启动抽油机，检查悬绳器及卡子固定情况，井口及井下不得有撞击声	碰伤，电弧光灼伤	侧身平稳操作，戴绝缘手套，侧身送电	绝缘手套、试电笔
7	测示功图，验证防冲距是否合适			
8	收拾工具，将有关数据填入报表			

1.18.3.3　应急处置程序

（1）若人员发生机械伤害，第一发现人员应立即停运致伤设备，现场视伤势情况对受伤人员进行紧急包扎处理；如伤势严重，应立即拨打 120 求救。

（2）若人员发生触电事故，第一发现人员应立即切断电源，视触电者伤势情况，采取人工呼吸、胸外心脏挤压等方法现场施救；如伤势严重，应立即拨打 120 求救。

1.19 分离器翻斗量油动标操作

1.19.1 分离器翻斗量油动标操作记忆歌诀

1.19.1.1 动标前准备工作记忆歌诀

门窗通风检漏气，侧身开关阀门灵。

检查标牌安全阀，周期温度压力定①。

平衡稍打进口开，玻璃管量油标定。

先上后下②玻璃管，关闭出口定记清。

注释：①周期温度压力定：周期——指安全阀在校检周期内；温度——指油井掺输水和回液温度均在规定范围内；压力定——指安全阀校检压力能够满足生产条件，同时油井的掺输水压力和回液压力等均符合规定；②先上后下——指开玻璃管上下流考克时，一定要先开上流后开下流，免得憋压造成憋爆玻璃管或引起安全阀起跳。

1.19.1.2 动标步骤记忆歌诀

管内液位整数起，高度斗数记录明。

高度要求二十上①，斗数偶数有规定。

动标静标差点二②，超过此值重标定。

确实超过静标定③，动标周期一月明。

倒回流程正确认，收工清场记报清。

注释：①二十上——指玻璃管动标高度要求 20cm 以上；②差点二——指动标平均斗重与静标平均斗重相差不能超过 0.2kg；③确实超过静标定——指若动标平均斗重与静标平均斗重确实相差超过 0.2kg，则需重新静标。

1.19.2 分离器翻斗量油动标安全提示记忆歌诀

翻斗动标天天作，阀门开关不能反。

通风检漏开平衡，开关考克憋爆管。

1.19.3　分离器翻斗量油动标操作规程

1.19.3.1　风险提示

未及时观察压力变化，导致油气水泄露；配采间注意通风，防止操作人员中毒。

1.19.3.2　分离器动翻斗量油动标操作规程表

具体操作顺序、项目、内容等详见表1.19。

表1.19　分离器动翻斗量油动标操作规程表

操作顺序	操作项目、内容、方法及要求	存在风险	风险控制措施	应用辅助工具用具
1	操作前准备			
1.1	正确穿戴好劳动保护用品			
1.2	准备好工具、用具：450mm管钳或F形扳手、纸、笔、计算器、分离器容积换算表			
2	操作前检查			
2.1	检查分离器、阀门、管汇各连接处有无漏油、气现象，阀门开关是否灵活			
2.2	安全阀是否经校对安全可靠，各部位温度、压力是否在规定范围内			
2.3	检查液位计的位置，确保分离器内液位能够满足动标要求，否则应先进行淹斗处理操作			
2.4	选择不同产量级别的井环准备动标			
3	动标操作			
3.1	关闭标定井的掺输阀门			管钳或F形扳手
3.2	具有换热器的分离器，先开换热器出口阀门，再开换热器入口阀门，打开分离器进口阀门，关闭分离器出口阀门，气大井稍开分离器气平衡阀门			管钳或F形扳手

操作顺序	操作项目、内容、方法及要求	存在风险	风险控制措施	应用辅助工具用具
3.3	打开液位计上、下控制阀门，待液位稳定后记录原始液位计数据			纸、笔
3.4	打开选定井（环）计量阀门，关闭其生产阀门，使液体进入分离器			管钳或 F 形扳手
3.5	当液位上升高度达 15～20cm 时，记录液位上升高度及翻斗偶数的斗数	未及时观察压力变化，导致油气水泄露、人员中毒	及时观察压力，当压力过高时，及时打开计量分离器出口阀门	纸、笔
3.6	打开分离器的出口阀门，如果淹斗，进行淹斗处理操作，待液位下降到能够满足下一次动标的需求时停止该项操作，再次进行下一产量级别动标操作	未及时观察压力变化，导致油气水泄露	及时观察压力，当压力过高时，及时打开计量分离器出口阀门	管钳或 F 形扳手
3.7	待不同级别产液量的井（环）的标定全部完成后，倒回生产流程，翻斗分离器动标操作完成			管钳或 F 形扳手、纸、笔
4	计算			
4.1	根据量油斗数、液面上升高度及分离器的容积换算表计算不同液量级别的斗重			计算器、分离器容积换算表
4.2	将标定日期、标定原始记录及计算数据结果填写到动标表中			纸、笔

1.19.3.3 应急处置程序

（1）急性中毒应急处置：应迅速脱离现场到空气新鲜处；保持呼吸道通畅，呼吸困难时给吸氧，并保持安静和保暖；严重者迅速送往医院抢救。

（2）油水泄漏／刺漏应急处置：发现管线穿孔、爆裂后，应根据泄漏量大小，确定停产范围，倒通旁通流程或切换事故流程。并采取措施控制泄漏原油（污水）的污染范围；泄漏源得到控制后，将管线压力泄至零，修补或更换管线；事故得到有效控制后，及时组织人员清理事故现场。

1.20 调抽油机冲数操作

1.20.1 调抽油机冲数操作记忆歌诀

验电停刹断①合锁，带单锁帽螺栓卸。

顶丝滑轨带②拔轮，轴槽键孔先清洁。

机轴轮径百分二③，轴槽键孔油④分别。

安轮螺栓锁帽紧，装带移轨四点切⑤。

紧轨装单锁片开，松车电启⑥轮摆灭⑦。

冲数测流判平衡，收工清场记报写。

注释：①停刹断：停——指停抽；刹——指刹紧刹车；断——指切断电源；②带——指用橇杠前移电机取下皮带；③机轴轮径百分二：机轴轮径——指电机轴的直径和马达轮的内孔径；百分二——指二者配合误差为百分之二，即0.02mm；④轴槽键孔油：轴——指电机轴；槽——指电机轴键槽；键——指马达轮键；孔——指马达轮内孔；油——指在轴槽键孔四个地方均匀涂上少许黄油；⑤移轨四点切：移轨——指用橇杠向后移动电机，并紧顶丝调整皮带松紧度；四点切——指检测皮带四点一线；⑥电启——指送电，启动抽油机；⑦轮摆灭——指检查新装马达轮应运行平稳无摆动现象。

1.20.2 调抽油机冲数安全提示记忆歌诀

触电伤人不得了，验电不忘戴手套。

预防掉落砸伤脚，平稳操作紧固牢。

1.20.3 调抽油机冲数操作规程

1.20.3.1 风险提示

启、停抽油机时要戴绝缘手套；停抽后要切断电源总开关；操作时严禁用手盘动皮带，用橇杠或螺丝刀拆卸和安装皮带；必须检查刹车以保证灵活好用；用拔轮器卸皮带轮时，皮带轮下方严禁站人，以免砸伤手脚。

1.20.3.2 抽油机调冲次操作规程表

具体操作顺序、项目、内容等详见表 1.20。

表 1.20　抽油机调冲次操作规程表

操作顺序	操作项目、内容、方法及要求	存在风险	风险控制措施	应用辅助工具用具
1	操作前准备工作			
1.1	清理抽油机现场，保证工作现场合格达标			
1.2	准备好型号适合的马达轮和操作工具			
1.3	该项工作由 2 人操作完成，穿戴好劳动保护装备；在操作中互相配合、互相监护，注意安全			
2	停抽油机			
2.1	检查刹车系统	碰伤	仔细观察	250mm 活动扳手、螺丝刀
2.2	验电，按停止按钮；同时刹紧刹车，将抽油机停在便于操作位置；拉下空气开关	电弧光灼伤；碰伤或刮伤	戴绝缘手套，侧身断电，站姿准确，手握牢。	绝缘手套、试电笔手套
3	卸皮带			
3.1	松开电动机底座固定螺丝，调整顶丝，用橇杠将电动机向前移动	用力不当易发生扭伤	平稳操作	250mm 活动扳手、橇杠
3.2	卸去三角皮带	碰伤、夹伤手指	严禁用手盘动皮带	橇杠或螺丝刀、
4	卸皮带轮			

操作顺序	操作项目、内容、方法及要求	存在风险	风险控制措施	应用辅助工具用具
4.1	卸掉皮带轮压紧挡板或锁紧螺帽	碰伤	平稳操作	250mm 活动扳手
4.2	用拔轮器将皮带轮拉下来，拉时应用橇杠别住拔轮器，防止脱扣和轮转动	砸伤、碰伤	平稳操作、拔轮器上紧	拔轮器、橇杠
5	安装新皮带轮			
5.1	安装新皮带轮，注意用力均匀，垫上铜棒或木棒，禁止用大锤直接敲打皮带轮	碰伤、砸伤	平稳操作	铜棒、大锤
5.2	上紧皮带轮压紧挡板的螺栓或锁紧螺帽	磕碰手	平稳操作	250mm 活动扳手
6	安装皮带			
6.1	装三角皮带	碰伤或夹伤手指	严禁用手盘动皮带	橇杠或螺丝刀
6.2	调整电机顶丝，使三角皮带松紧合适，减速箱皮带轮与电动机皮带轮在同一平面（四点一线）	碰伤	仔细观察	橇杠
6.3	紧固电动机底座螺丝	碰伤	平稳操作	250mm 活动扳手
7	启动抽油机			
7.1	清除电动机周围障碍物，松开刹车，启动抽油机，观察皮带轮的摆动和三角皮带松紧等情况，实测冲数，填入记录	离设备过近易刮伤	站到安全位置观察运行情况	绝缘手套

1.20.3.3 应急处置程序

（1）若人员发生机械伤害，第一发现人员应立即停运致伤设备，现场视伤势情况对受伤人员进行紧急包扎处理；如伤势严重，应立即拨打 120 求救。

（2）若人员发生触电事故，第一发现人员应立即切断电源，视触电者伤势情况，采取人工呼吸、胸外心脏挤压等方法现场施救；如伤势严重，应立即拨打 120 求救。

1.21　调整游梁式抽油机曲柄平衡操作

1.21.1　调整游梁式抽油机曲柄平衡操作记忆歌诀

1.21.1.1　操作前准备工作记忆歌诀

验电测率方向判[1]，调整距离率差一[2]。

二次调整距离求，二次流差除首次[3]。

再乘首值[4]正负分[5]，负反正同[6]方向记。

注释：[1]测率方向判：测率——指检测抽油机平衡率；方向判——指判定平衡块调整方向，平衡率大于100%时，相对曲柄轴的方向内移；平衡率小于85%时，相对曲柄轴的方向外移；[2]率差一：率——指调整前首次测得的平衡率；差一——指一减去调整前首次测得的平衡率即为估算出的平衡块调整距离；[3]二次流差除首次：二次流差——指第一次调整后第二次测得的上下冲程的峰值电流的差；除首次——指除以调整前首次测得的上下冲程的峰值电流的差；[4]再乘首值：再乘——指再；首值——指第一次平衡块调整的距离；[5]正负分——指求得的二次调整距离，要分清正负，依据正负判断平衡块二次调整方向；[6]负反正同：负反——指求得的二次调整距离为负值时，二次调整方向与第一次调整方向相反；正同——指求得的二次调整距离为正值时，二次调整方向与第一次调整方向相同。

1.21.1.2　操作步骤记忆歌诀

曲柄水平十五度，刹车断电合锁片。

擦净曲柄标记明，螺栓锁块卸下面。

卸松配重固定栓，移动配重标记线。

撬杠调正配重块，螺栓涂油锁块先[1]。

拧紧配重固定栓，同样方法另一边。

开锁松车送电启，松动碰刮[2]总要免。

测流计率效果查③，收工清场记报填。

注释：①螺栓涂油锁块先：螺栓涂油——指先将锁块螺栓螺纹涂少许黄油；锁块先——指先装上锁块，再拧紧锁块固定螺栓；②松动刮碰：松动——指平衡块固定螺栓和锁块固定螺栓都不能松动；刮碰——指调整后平衡块与连杆不能有刮碰现象；③测流计率效果查：测流——指上下行程电流峰值；计率——指计算抽油机平衡率；效果查——指检查调整平衡的效果，即平衡率在85%~100%之间为合格。

1.21.2 调整游梁式抽油机曲柄平衡安全提示记忆歌诀

调整方向先判明，角度十五不能过。

登高移动平衡块，站稳拴牢防坠落。

1.21.3 调整游梁式抽油机曲柄平衡操作规程

1.21.3.1 风险提示

启、停抽油机时要戴绝缘手套；停抽后刹住刹车，二次刹车刹住，切断电源总开关；系好安全带；调整区域内禁止站人，防止落物伤人。

1.21.3.2 调整游梁式抽油机曲柄平衡操作规程表

具体操作顺序、项目、内容等详见表1.21。

表 1.21　调整游梁式抽油机曲柄平衡操作规程表

操作顺序	操作项目、内容、方法及要求	存在风险	风险控制措施	应用辅助工具用具
准备工作	2至3名采油工			平衡块扳手、撬杠、大锤、电流表、纸、笔、计算器、安全带、绝缘手套
1	停抽			
1.1	按抽油机停止按钮	电弧光灼伤	戴绝缘手套，侧身断电	绝缘手套
1.2	曲柄运行到合适位置时刹车，并切断电源，锁紧二次刹车			

操作顺序	操作项目、内容、方法及要求	存在风险	风险控制措施	应用辅助工具用具
2	调平衡			
2.1	松开平衡块固定螺丝（注意不要卸掉），卸下狗牙螺丝和狗牙	用力不当易发生扭伤	平稳操作	专用扳手
2.2	用撬杠活动平衡块到指定位置	用力不当易发生扭伤	平稳操作	撬杠
2.3	先装上狗牙并紧固狗牙螺丝，再紧固平衡块固定螺丝	用力不当易发生扭伤	平稳操作	专用扳手
2.4	松开二次刹车、一次刹车	碰伤	平稳操作	
2.5	开抽	电弧光灼伤	戴绝缘手套，侧身断电	绝缘手套
2.6	按上述操作调整另一块			
3	全部调完后开抽	电弧光灼伤	戴绝缘手套，侧身断电	绝缘手套
4	测试电流，计算平衡率，如不平衡需重新调整			电流表

1.21.3.3 应急处置程序

（1）人员发生机械伤害时，现场应视伤势情况对受伤人员进行紧急包扎处理；如伤势严重，应立即拨打 120 求救。

（2）人员发生触电事故时，第一发现人员应立即切断电源，视触电者伤势情况，采取人工呼吸、胸外心脏挤压等方法现场施救；如伤势严重，应立即拨打 120 求救。

1.22 更换抽油机毛辫子操作

1.22.1 更换抽油机毛辫子操作记忆歌诀

1.22.1.1 操作前准备工作记忆歌诀

登高作业许可证[①]，刹车灵活安全帽。

安全带系好登高，合适毛辫准备好。

注释：①登高作业许可证——指操作前要办理作业许可证和登高作业证。

1.22.1.2 操作步骤记忆歌诀

验电近下死点停，刹车断电合锁片。

卸载卡子打上盒，开锁松车启送电。

驴头载荷坐盒上，刹车合锁再断电。

钳取①穿销开口销，悬绳器托拉出辫②。

悬绳器慢放盒上，安全带绳③游梁前。

拴牢毛辫缓慢放，接住绳头放地面。

解开旧辫栓新绳④，扶住两头拉上面⑤。

左右长度应相等，新辫悬挂到悬点。

悬绳器上挂辫绳⑥，穿销开口销插遍。

开锁松车吃负荷，刹车合锁取卡连⑦。

锉刺开车⑧送电启，绳力⑨压板水平面。

禁忌刮碰驴头响⑩，收工清场记报填。

注释：①钳取——指用手钳取下悬绳器上的开口销和穿销；②托拉出辫：托——指一人双手托起悬绳器；拉出辫——指另一人拉住辫绳，从悬绳器压板两侧的豁口取出辫绳；③安全带绳：安全带——指操作工系好安全带；绳——指携带棕绳上到游梁前部，用棕绳将工具吊上并放好；④解开旧辫栓新绳：解开旧辫——指解开栓旧毛辫子的棕绳；栓新绳——指用棕绳拴牢新毛辫子辫绳的中间部位；⑤扶住两头拉上面：扶住两头——指一人扶住毛辫子的两头；拉上面——指一人在游梁前部向上拉毛辫子；⑥悬绳器上挂辫绳：悬绳器——指一人托起悬绳器；上挂辫绳——指另一人将毛辫子辫绳从悬绳器压板两侧的豁口挂上；⑦取卡连——指接下来取下井口密封盒上的卸载卡子；⑧锉刺开车：锉刺——指锉平光杆上卸载卡子留下的毛刺；开车——指松开刹车；⑨绳力——指毛辫子两侧辫绳受力均匀；⑩刮碰驴头响：刮碰——指毛辫子与驴头、光杆、密封盒不能有刮碰现象；驴头响——指驴头受力平稳，上、下死点不能有响动。

1.22.2 更换抽油机毛辫子安全提示记忆歌诀

安全带和安全帽，刹车灵活验电先。

手抓光杆手砸掉，作业许可定先办。

1.22.3 更换抽油机毛辫子操作规程

1.22.3.1 风险提示

启、停抽油机时要戴绝缘手套；停抽后要切断电源总开关；以防下落伤人；操作时严禁手握光杆。机械伤害指在平衡块旋转范围内停留造成伤害。高处坠落指上抽油机不系安全带或在攀登时跌落造成伤害。物体打击指上抽油机操作人员使用工具不系安全绳在高处掉落砸到地面人员。

1.22.3.2 抽油机更换毛辫子操作规程表

具体操作顺序、项目、内容等详见表1.22。

表1.22 抽油机更换毛辫子操作规程表

操作顺序	操作项目、内容、方法及要求	存在风险	风险控制措施	应用辅助工具用具
1	停抽油机			
1.1	验电，按停止按钮，拉下空气开关	电弧光灼伤	戴绝缘手套，侧身送电	绝缘手套、试电笔
1.2	刹紧刹车，将驴头停在接近下死点的位置	碰伤或刮伤	站姿准确，手握牢	手套
1.3	检查刹车系统	碰伤	仔细观察	250mm 活动扳手、螺丝刀
2	卸载荷			
2.1	用光杆卡子在密封盒卡紧光杆	用力不当易发生扭伤	侧身平稳操作	375mm 活动扳手
2.2	松刹车，启抽使卡子坐在密封盒上，卸载荷后，再刹紧刹车	飞溅伤人	侧身平稳操作	手套

操作顺序	操作项目、内容、方法及要求	存在风险	风险控制措施	应用辅助工具用具
2.3	切断电源，合上锁片	电弧光灼伤	戴绝缘手套，侧身断电	绝缘手套
3	更换毛辫子			
3.1	一人戴好安全帽，携棕绳上驴头，系好安全带，吊上工具后放好	高空坠落	仔细观察、平稳操作	安全带、棕绳
3.2	两人配合，卸下悬绳器。将悬绳器放在井口密封盒上	碰伤或砸伤	两人配合平稳操作	手钳
3.3	用综绳拴住毛辫子，取下旧毛辫子，用综绳缓慢放下毛辫子	砸伤、高空坠落	平稳操作	棕绳
3.4	地面两人配合驴头上的人，将旧毛辫子放到地上，解下综绳	砸伤、高空坠落	平稳操作	棕绳
3.5	用绳子拴好新毛辫子，三人配合将新毛辫子拉上驴头挂在悬挂盘上，上下两人配合使两头相等。一人托着悬绳器另一人将毛辫子放入悬绳器的豁口内，穿好销钉和别销	碰伤、砸伤	平稳操作	手钳
3.6	在原方卡子的位置卡好方卡子	用力不当易发生扭伤	侧身平稳操作	375mm 活动扳手
3.7	打开刹车锁片，松刹车，使驴头吃上载荷，刹车，合上锁片，卸下井口方卡子，锉净光杆毛刺	用力不当易发生扭伤	侧身平稳操作	375mm 活动扳手
4	开抽			
4.1	清除抽油机周围障碍物、垃圾	碰伤	仔细观察	排污桶
4.2	松刹车，准备启动抽油机	碰伤或刮伤	站姿准确，手握牢	手套
4.3	合上空气开关，按启动按钮开抽	电弧光灼伤	侧身送电	绝缘手套
4.4	观察新毛辫子有无刮碰	离设备过近易刮伤	站到安全位置观察运行情况	检查记录、笔

1.22.3.3　应急处置程序

（1）若人员发生机械伤害，第一发现人员应立即停运致伤设备，现场视伤势情况对受伤人员进行紧急包扎处理；如伤势严重，应立即拨打 120 求救。

（2）若人员发生触电事故，第一发现人员应立即切断电源，视触电者伤势情况，采取人工呼吸、胸外心脏挤压等方法现场施救；如伤势严重，应立即拨打 120 求救。

1.23　调整抽油机冲程操作

1.23.1　调整抽油机冲程操作记忆歌诀

1.23.1.1　操作前准备工作记忆歌诀

结构不平衡正负，导链位置前后方。

正值驴头连底座，负值尾梁减速箱。

大小冲程①先分清，防冲距上提下放②。

调小③下放大④上提，刹车灵活不能忘。

注释：①大小冲程——指调大或调小冲程；②上提下放：上提——指悬绳器下移上提光杆，增大防冲距；下放——指悬绳器上移下放光杆，缩小防冲距；③调小——指冲程由大往小调；④大——指冲程由小往大调。

1.23.1.2　操作步骤记忆歌诀

验电近下死点停，刹车断电合锁片。

卸载卡子打上盒，开锁松车启送电。

曲柄右上六十度①，卸载刹断②合锁片。

挂好导链稳游梁，冕形备帽卸下面。

两侧连杆绳绑牢，销子锤击铜棒垫③。

撬杠撬出销总成，连杆总成拉外边。

衬套打出查销套④，更换销套看磨偏。

孔套擦净打衬套⑤，摆杆导链对孔间⑥。

解绳销入母帽紧⑦，导链卸下开锁片。

松车驴头吃负荷，再次刹车卸卡迁⑧。

锉刺调整防冲距，正常测流平衡检⑨。

超标⑩还需调平衡，收工清场记报填。

注释：①右上六十度——指站在皮带轮一侧看，曲柄停在右上方45°～60°；②卸载刹断：卸载——指卸下驴头负荷座于密封盒上；刹——指刹紧刹车；断——指切断电源；③销子锤击铜棒垫——指先用铜棒垫上，再用大锤将曲柄销子打出；④查销套：销——指曲柄销子；套——指衬套；查销套——指检查曲柄销子和衬套有无磨损，若有磨损应及时更换；⑤孔套擦净打衬套：孔——指将要调整的新冲程孔；套——指衬套；打衬套——指垫上铜棒，把衬套打入新冲程孔；⑥摆杆导链对孔间：摆杆——指二人拉着绑在连杆上的棕绳并摆正连杆位置；导链——指另一人调整导链松紧；对孔间——指曲柄销子对准新冲程孔；⑦解绳销入母帽紧：解绳——指绑连杆的棕绳；销入——指垫上铜棒，将曲柄销子打入冲程孔；母——指拧紧冕形螺母；帽——指上紧备帽；⑧卸卡迁：卸卡——指卸载卡子；迁——指松开卡子固定螺栓并从密封盒上取下来；⑨正常测流平衡检：正常——指抽油机运行正常；测流——指测取抽油机上下行峰值电流；平衡检——指计算平衡率，检查抽油机是否达到平衡标准；⑩超标——指抽油机平衡率超过规定标准。

1.23.2 调整抽油机冲程安全提示记忆歌诀

安全带和安全帽，刹车灵活验电先。

手抓光杆手砸掉，作业许可定先办。

1.23.3　调整抽油机冲程操作规程

1.23.3.1　风险提示

启、停抽油机时要戴绝缘手套；停抽后要切断电源总开关；必须检查刹车保证灵活好用；刹车一定要刹紧，以防曲柄下落伤人；打卡子要打牢，以免崩出伤人；上抽油机时要系好安全带，严防高处坠落；严禁用手盘动皮带卸负荷；在操作时，曲柄下方严禁站人，避免高处落物砸伤。

1.23.3.2　抽油机调冲程操作规程表

具体操作顺序、项目、内容等详见表1.23。

表1.23　抽油机调冲程操作规程表

操作顺序	操作项目、内容、方法及要求	存在风险	风险控制措施	应用辅助工具用具
1	操作前准备工作			
1.1	清理抽油机现场，保证工作现场合格达标			
1.2	准备好所需的操作工具			
1.3	该项工作由四人操作完成，穿戴好劳动保护装备，现场有一人监护；在操作中互相配合，注意安全			
2	停抽油机			
2.1	检查刹车系统	碰伤	仔细观察	250mm活动扳手、螺丝刀
2.2	验电，按停止按钮；同时刹紧刹车，将抽油机停在便于操作位置；拉下空气开关	电弧光灼伤；碰伤或刮伤	戴绝缘手套，侧身断电；站姿准确，手握牢	绝缘手套、试电笔手套
3	卸负荷			
3.1	用备用卡子卡紧光杆	用力不当易发生扭伤	平稳操作	300mm活动扳手、光杆卡子
3.2	松刹车，使卡子坐在密封盒上，卸去驴头负荷，刹紧刹车	卡子崩出伤人	卡子要打紧；井口附近不能站人	

操作顺序	操作项目、内容、方法及要求	存在风险	风险控制措施	应用辅助工具用具
4	固定游梁			
4.1	用钢丝绳套和倒链固定游梁	碰伤	平稳操作	钢丝绳、倒链
5	卸曲柄销			专用套筒扳手、铜棒、大锤、橇杠
5.1	将套筒扳手放在冕形螺母备帽上	坠物砸伤	平稳操作	套筒扳手
5.2	卸下备帽	磕伤手	平稳操作	套筒扳手
5.3	卸下冕形螺母	磕伤手	平稳操作	套筒扳手
5.4	用铜棒顶住曲柄销的端头，用大锤把曲柄销轻打几下使其松动	坠落、扭伤	平稳操作；系好安全带	铜棒、大锤
5.5	人站在曲柄侧面用橇杠撬出销子，使销子脱出曲柄销套，要确保销子螺纹完好无损	碰伤、扭伤	侧身平稳操作	橇杠
5.6	用铜棒顶住销套，用大锤将销套打出冲程孔	砸伤、扭伤	平稳操作	铜棒、大锤
6	曲柄销、孔除锈和油污			
6.1	除去销套和选定曲柄孔的锈和油污	碰伤、刮伤	仔细观察	砂纸、黄油
6.2	清洗曲柄销子，使接触面无油污和锈蚀。	砸伤	放稳	柴油
7	安装曲柄销子			
7.1	将销套装入选定的曲柄孔内	刮伤、砸伤	拿牢、放稳	
7.2	用铜棒顶住销套的端部，用大锤轻轻地打入曲柄孔内	碰伤、砸伤	平稳操作	铜棒、大锤
7.3	用倒链上下移动游梁，使曲柄销子对准预定的曲柄孔	碰伤	平稳操作	倒链
7.4	把曲柄销子装入销套内，上紧销子冕形螺帽及备帽	碰伤、砸伤	平稳操作	专用套筒扳手、大锤
8	取下钢丝绳套和倒链，调整防冲距	砸伤、碰伤	平稳操作，井口附近不能站人	套筒扳手

操作顺序	操作项目、内容、方法及要求	存在风险	风险控制措施	应用辅助工具用具
9	收拾工具，清理障碍；启动抽油机，检查调整部位，要求无卡、无碰、无杂音，运转正常	触电、刮伤	站在安全位置平稳操作	绝缘手套
10	调后24小时内对调整部位的螺母重新紧固，并作防松记号	碰伤、砸伤	平稳操作	专用扳手、大锤

1.23.3.3 应急处置程序

（1）若人员发生机械伤害，应立即停止操作，现场视伤势情况对受伤人员进行紧急包扎处理；如伤势严重，应立即拨打120求救。

（2）若人员发生触电事故，第一发现人员应立即切断电源，视触电者伤势情况，采取人工呼吸、胸外心脏挤压等方法现场施救；如伤势严重，应立即拨打120求救。

2 集输工日常操作规程记忆歌诀

2.1 离心泵启泵操作

2.1.1 离心泵启泵操作规程记忆歌诀

启前四周杂物扫[①]，电压正常油位好[②]。

螺丝[③]紧固接地牢，量程适当压力表。

沟通[④]盘车先开放[⑤]，启动开阀[⑥]排量调。

查振查压查温度[⑦]，常流[⑧]收具[⑨]记牌报[⑩]。

注释：①杂物扫——指清除泵周围杂物；②油位好——指轴承润滑油的油位和油罐液位高度均在正常范围内；③螺丝——指各部连接螺丝紧固可靠；④沟通——指启泵前后应与相关岗位联系好，如改通流程或调整压力等；⑤先开放——指打开进口放空阀放净泵内气体；⑥开阀——指缓慢打开泵出口阀门；⑦查振查压查温度：查振——指启泵后检查确认泵体无异常振动；查压——指启泵后检查确认泵压正常；查温度——指启泵后检查确认泵进出口温度和轴承温度在正常范围内；⑧常流——指启泵后检查确认泵的排量合理；⑨收具——指完成操作后回收工用具；⑩记牌报：记——指做好相关记录；牌——指挂好设备运行指示牌；报——指必要时要向上级汇报情况。

2.1.2 离心泵启泵操作规程安全提示歌诀

不忘接地防触电，放净气体泵正常。

清除杂物防羁绊，启后检查不落项。

2.1.3 离心泵启泵操作规程

2.1.3.1 主要风险提示

（1）机械绞伤。

（2）触电。

（3）环境污染。

2.1.3.2 离心泵启泵操作规程表

具体操作顺序、项目、内容等详见表2.1。

表 2.1 离心泵启泵操作规程表

操作顺序	操作步骤、内容、方法及要求	存在风险	风险控制措施	应用辅助工具用具
1	操作前检查			
1.1	检查机泵周围有无杂物	羁绊伤害	清理现场，方便站位，确保逃生通道畅通	
1.2	检查压力表，打开压力表控制阀门	压力失真	检查压力表（铅封完好、指针归零、工作压力在量程的1/3至2/3之间、轻敲有位移、在校检期内）	
1.3	检查紧固部位螺丝是否松动	泵振动损坏、对轮螺栓飞出伤人、机械绞伤	检查机组地脚螺丝、对轮螺丝、对轮护罩螺丝完好无松动，对轮护罩外观完好	扳手
1.4	检查接地线外观完好、紧固	触电	外观完好，无断线，接地良好	扳手
1.5	检查油质、油位	轴承烧毁、火灾	润滑油在看窗的1/2至2/3之间，油质清澈无变质	机油壶
1.6	检查电压	烧毁电机	电压在360～420V之间	
1.7	与相关岗位进行联系	流程密封点刺漏伤人、环境污染	联系确认	
2	操作前准备			

操作顺序	操作步骤、内容、方法及要求	存在风险	风险控制措施	应用辅助工具用具
2.1	打开入口阀门	用力不当发生扭伤	侧身平稳操作	F形扳手
2.2	放空	中毒、火灾、环境污染	通风良好，有回收措施，过滤缸和出口分别放气	污油桶
2.3	盘车3至5圈，看转动是否灵活，有无卡阻现象	绞伤、碰伤手	不戴手套，用专用工具，侧身平稳操作	盘车工具
3	启动			
3.1	按下启动按钮	触电	侧身操作，保持手干燥、无油污	
3.2	打开泵的出口阀门并调节	物体打击、电机损坏、用力不当发生扭伤	侧身缓慢操作，当电流从最高值下降，泵压上升稳定后缓慢打开泵的出口阀	F形扳手
4	启动后检查			
4.1	检查机组振动情况	高压水击伤、泵损坏	面部不准正对密封点，如振动过大，停泵调整	扳手
4.2	检查压力波动情况	泵损坏	如压力不稳定或很快回落，应停泵，再次进行放空	
4.3	检查轴承及电机温度	触电、电机故障	用测温仪或手指外侧或手背进行检查，电机定子外壳温度不超过60℃，滚动轴承不超过80℃，滑动轴承不超过70℃.	测温仪、温度计
4.4	检查电流	超流或三项电流不平衡导致电机损坏	电流控制在规定范围内，否则停机检查	电流表
4.5	汇报、记录、回收工具用具、挂上运行牌			

2.1.3.3 应急处置程序

（1）若人员发生机械伤害，第一发现人员应立即停运致伤设备，现场视伤势情况对受伤人员进行紧急包扎处理；如伤势过重，应立即拨打 120 求救。

（2）若人员发生触电事故，第一发现人员应立即切断电源，视触电者伤势情况，采取人工呼吸、胸外挤压等方法现场施救；如伤势严重，应立即拨打 120 求救。

（3）发生环境污染事故时，应立即组织人员进行清理。

2.2　离心泵停泵操作

2.2.1　离心泵停泵操作规程记忆歌诀

停前各岗沟通好，电压正常油位①好。

螺丝②紧固接地牢，量程适当压力表。

侧身③断电闭出口，出口务必先关小。

泄物入桶④盘好车⑤，记牌汇报⑥须达标。

注释：①油位——指轴承润滑油的油位和油罐液位高度均在正常范围内；②螺丝——指各部固定螺丝应无松动；③侧身——指按停止按钮和关闭出口阀时都要侧身操作，以防阀门丝杠飞出伤人和电弧光伤人；④泄物入桶——指缓慢打开泵入口放空阀门泄净泵体内压力，并将泄出物放入污油桶内；⑤盘好车——指盘车应无障碍；⑥记牌汇报：记——指做好相关记录；牌——指挂好设备停运指示牌；汇报——指必要时要向上级汇报情况。

2.2.2　离心泵停泵操作规程安全提示歌诀

关小出口防反转，泄净压力渗漏防。

清除杂物防羁绊，前后检查不落项。

2.2.3　离心泵停泵操作规程

2.2.3.1　主要风险提示

（1）机械绞伤。

（2）触电。

（3）环境污染。

2.2.3.2 离心泵停泵操作规程表

具体操作顺序、项目、内容等详见表2.2。

表2.2 离心泵停泵操作规程表

操作顺序	操作步骤、内容、方法及要求	存在风险	风险控制措施	应用辅助工具用具
1	操作前检查			
1.1	检查机泵周围有无杂物	羁绊伤害	清理现场，方便站位，确保逃生通道畅通	
1.2	检查压力表，打开压力表控制阀门	压力失真	检查压力表（铅封完好、指针归零、工作压力在量程的1/3至2/3之间、轻敲有位移、在校检期内）	
1.3	检查紧固部位螺丝是否松动	泵振动损坏，对轮螺栓飞出伤人，机械绞伤	检查机组地脚螺丝、对轮螺丝、对轮护罩螺丝完好无松动，对轮护罩外观完好	扳手
1.4	检查接地线外观完好，紧固	触电	外观完好、无断线、接地良好	扳手
1.5	检查油质、油位	轴承烧毁、火灾	润滑油在看窗的1/2至2/3之间，油质清澈、无变质	机油壶
1.6	检查电压	烧毁电机	电压在360～420V之间	
1.7	与相关岗位进行联系	流程密封点刺漏伤人，环境污染	联系确认	
2	停运			
2.1	关小出口阀门	用力不当发生扭伤，丝杠飞出伤人	侧身平稳操作	F形扳手
2.2	按停止按钮	触电	外观完好、绝缘完好	试电笔

操作顺序	操作步骤、内容、方法及要求	存在风险	风险控制措施	应用辅助工具用具
2.3	关闭出口阀门	用力不当发生扭伤，丝杠飞出伤人	侧身平稳操作	F形扳手
2.4	打开放空阀泄压	磕伤，环境污染	放净泵内液体	污油桶
2.5	盘车	机械绞伤	盘车3至5圈转动灵活无卡阻	盘车工具
2.6	切断电源	触电	外观完好、绝缘完好	绝缘手套、试电笔
2.7	挂停运牌			
2.8	汇报记录			

2.2.3.3 应急处置程序

（1）若人员发生机械伤害，第一发现人员应立即停运致伤设备，现场视伤势情况对受伤人员进行紧急包扎处理；如伤势过重，应立即拨打120求救。

（2）若人员发生触电事故，第一发现人员应立即切断电源，视触电者伤势情况，采取人工呼吸、胸外挤压等方法现场施救；如伤势严重，应立即拨打120求救。

（3）发生环境污染事故时，应立即组织人员进行清理。

2.3 往复高压注水泵启泵操作

2.3.1 往复高压注水泵启泵操作规程记忆歌诀

启前丝牢①润位高②，盘车带好③接地牢。

入口放气须入桶④，表阀压力⑤不能超。

送电空转开旁通，空转负荷升速小。

新泵大修两小时⑥，额功达标⑦旁关好⑧。

缓调变频提排量，异常停机原因找。

启后检查不落项，收具⑨记牌汇报⑩好。

注释：①丝牢——指各部固定螺丝无松动；②润位高——指机体内润滑油质合格，机体内润滑油位高度在规定范围内；③盘车带好：盘车——指盘动大皮带轮应无障碍；带好——指皮带松紧度合适并达到"四点一线"；④入口放气须入桶——指打开入口阀门后打开放空阀，放出的液体要用污油桶接住，避免产生污染；⑤表阀压力：表——指压力表应量程合理，有检定合格证并在检定有效周期内；阀——指安全阀的释放压力为额定工作压力的 1.08 至 1.1 倍，有检定合格证并在检定有效周期内；⑥新泵大修两小时——指新泵和大修后的泵空转必须达到两小时；⑦额功达标——指泵的运行功率达到额定功率；⑧旁关好——指泵的运行功率达到额定功率后关闭旁通阀；⑨收具——指完成操作后回收工用具；⑩记牌汇报：记——指做好相关记录；牌——指挂好设备运行指示牌；汇报——指必要时要向上级汇报情况。

2.3.2　往复高压注水泵启泵操作规程安全提示歌诀

空转勿忘开旁通，前后检查要细详。

功率达标关旁通，缓调变频提排量。

2.3.3　往复高压注水泵启泵操作规程

2.3.3.1　风险提示

操作人员应穿戴好劳动保护用品，由站专兼职安全监督员进行安全教育，明确实际操作中存在的不安全因素。启、停注水泵时要戴绝缘手套；停泵后要切断电源总开关；操作时要穿戴好劳动保护，开关阀门时要侧身操作，避开注水泵头正前方。

2.3.3.2　往复高压注水泵启泵操作规程表

具体操作顺序、项目、内容等详见表 2.3。

表2.3 往复高压注水泵启泵操作规程表

操作顺序	操作项目、内容、方法及要求	存在风险	风险控制措施	应用辅助工具用具
1	启动前准备工作			
1.1	检查各联接部位及螺丝有无松动	碰伤	平稳操作	套筒扳手
1.2	检查润滑油质量和油位高度			
1.3	检查皮带的松紧度，必要时进行调整	碰伤	平稳操作	250mm活动扳手、螺丝刀
1.4	检查电机及接线是否正确、紧固、完好	触电	平稳操作	绝缘手套
1.5	盘动皮带轮使大皮带轮转动二周以上，运动结构不得有障碍	碰伤	平稳操作	600mm管钳
1.6	打开泵的入口阀门及排液管线上的旁路阀和泵体上的放气阀，待放气阀渗出的全部液体时，关闭放气阀	磕碰伤	平稳操作	150mm活动扳手
1.7	检查校正安全阀的释放压力为额定工作压力的1.08至1.1倍			
1.8	检查压力表是否灵敏、准确			
2	启动和运行			
2.1	确认泵无故障后，接通电机电源，使泵转入空载运转；当泵达到额定功率时，关闭旁路阀，使泵进入负荷运行（新泵或经过大修后的泵必须在两小时的空运后，才能进行负荷运转）	触电、碰伤	平稳操作，开关阀门侧身操作	F形扳手、绝缘手套
2.2	在负荷运转时，如果是变频注水泵，应缓慢调节变频器旋钮提高排量，在升压过程中，如遇不正常情况，应立即停泵检查，查明原因排除故障后，再继续运转			
2.3	在负荷运转过程中，瞬时最大压力不得超过额定压力的110%			
2.4	检查动力端的声音是否正常，润滑油量应在规定范围			
2.5	检查各部位温度是否正常，各轴承温度不得超过75℃，电机温度不得超过90℃，润滑油温度不得超过70℃			
2.6	检查泵的出口压力及泵的排量应符合要求			
2.7	检查泵排液阀工作情况应无异常情况			
2.8	柱塞工作时有无大量液体泄漏			
2.9	检查各部螺丝及各法兰螺母有无松动			

2.3.3.3 应急处置程序

（1）若人员发生机械伤害，第一发现人员应立即停运致伤设备，现场视伤势情况对受伤人员进行紧急包扎处理；如伤势严重，应立即拨打120求救。

（2）若人员发生触电事故，第一发现人员应立即切断电源，视触电者伤势情况，采取人工呼吸、胸外心脏挤压等方法现场施救；如伤势严重，应立即拨打120求救。

2.4　往复高压注水泵停泵操作

2.4.1　往复高压注水泵停泵操作规程记忆歌诀

停前检查不落项，打开旁通入空转①。

切断在先阀关闭②，出口入口旁通三③。

注释：①打开旁通入空转——指先打开旁通阀门，使泵进入空转状态；②切断在先阀关闭：切断在先——指先按下停止按钮切断电源；阀关闭——指断电后再关闭出口阀，避免泵体憋压；③出口入口旁通三——指关闭进出口阀门和旁通三个阀门。

2.4.2　往复高压注水泵停泵操作规程安全提示歌诀

停前检查开旁通，空转停机设备保。

关阀之前先断电，憋压损机不得了。

2.4.3　往复高压注水泵停泵操作规程

2.4.3.1　风险提示

操作人员应穿戴好劳动保护用品，由站专兼职安全监督员进行安全教育，明确实际操作中存在的不安全因素。启、停注水泵时要戴绝缘手套；停泵后要切断电源总开关；操作时要穿戴好劳动保护，开关阀门时要侧身操作，避开注水泵头正前方。

2.4.3.2 往复高压注水泵停泵操作规程表

具体操作顺序、项目、内容等详见表 2.4。

表 2.4 往复高压注水泵停泵操作规程表

操作顺序	操作项目、内容、方法及要求	存在风险	风险控制措施	应用辅助工具用具
1	停泵前准备工作			
1.1	检查各连接部位及螺丝有无松动	碰伤	平稳操作	套筒扳手
1.2	检查润滑油质量和油位高度			
1.3	检查电机及接线是否正确、紧固、完好	触电	平稳操作	绝缘手套
1.4	检查校正安全阀的释放压力为额定工作压力的 1.08 至 1.1 倍			
1.5	检查压力表是否灵敏、准确			
2	停泵操作			
2.1	打开排液管路中的旁路阀，使泵进入空载运转	碰伤	平稳操作，侧身关阀门	F 形扳手
2.2	切断电动机电源	触电	戴绝缘手套	绝缘手套
2.3	关闭进液、排液管线上的阀门和旁路阀	磕碰伤	平稳操作	F 形扳手

2.4.3.3 应急处置程序

（1）若人员发生机械伤害，第一发现人员应立即停运致伤设备，现场视伤势情况对受伤人员进行紧急包扎处理；如伤势严重，应立即拨打 120 求救。

（2）若人员发生触电事故，第一发现人员应立即切断电源，视触电者伤势情况，采取人工呼吸、胸外心脏挤压等方法现场施救；如伤势严重，应立即拨打 120 求救。

2.5 电潜泵（水源井）启泵操作

2.5.1 电潜泵（水源井）启泵操作规程记忆歌诀

启前各项检查好，电压[①]电流各仪表[②]。

流程③出阀④压力表⑤，水表电表底数抄。

启待⑥出口压升高⑦，排气见水放空了⑧。

压力排量缓调好，工用具⑨记牌汇报⑩。

注释：①电压——指电源电压应在规定范围内；②电流各仪表——指电流表等相关仪表完好；③流程——指启泵前要检查确认井口流程正确，沿途管路畅通；④出阀——指启泵前检查并确认出口阀灵活好用；⑤压力表——指压力表应量程合理、有检定合格证并在检定有效周期内；⑥启待——指按下启动按钮，等待井口压升高；⑦出口压升高——指按下启动按钮后待到井口压力升高；⑧排气见水放空了：排气见水——指打开井口放空阀放出气体等待见水；放空了——指待到见水后关闭放空阀；⑨工用具——指完成操作后回收工用具；⑩记牌汇报：记——指做好相关记录；牌——指挂好设备运行指示牌；汇报——指必要时要向上级汇报情况。

2.5.2 电潜泵（水源井）启泵操作规程安全提示歌诀

启前查项不可少，电压阀门和仪表。

送电启动先排气，见水压力排量调。

2.5.3 电潜泵（水源井）启泵操作规程

2.5.3.1 电潜泵（水源井）启泵操作流程

其流程示意图如图 2.1 所示。

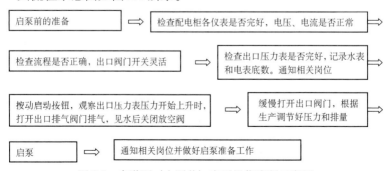

图 2.1 电潜泵（水源井）启泵操作流程示意图

2.5.3.2 电潜泵（水源井）启运风险提示

（1）操作人员、监护人员是否人数符合要求，是否持有上岗证，是否需要监护。查看机泵周围是否宽敞，是否有其他物品摆放。

（2）对设备流程进行检查，是否有异常并及时处理；物料、劳保用品是否准备齐全，是否符合要求。

（3）泄漏：启停泵流程倒错，造成系统压力突然升高，易发生管线或法兰泄漏事故。

（4）触电：停送电操作、检查、接地不良或电线裸露，易发生触电事故。

（5）机械伤害：劳动保护装备穿戴不符合要求，头发、衣角卷入旋转部位，易造成人员伤害事故；操作时站位不正确，工具滑脱，易发生工具伤人、人员滑倒碰伤等事故。

（6）设备损坏：固定螺栓松动造成机泵振动过大，机泵运行不平稳；机泵不同心，轴承缺油，易发生轴承损坏、烧电机事故。

2.5.3.3 电潜泵（水源井）启泵操作规程表

具体操作顺序、项目、内容等详见表 2.5。

表 2.5 电潜泵（水源井）启泵操作规程表

操作顺序	操作项目、内容、方法及要求	技术要求	存在风险	风险控制措施	应用辅助工具用具
1	启泵前的准备				
1.1	检查配电柜各仪表是否完好，电压、电流是否正常	电压 380～420V 电流不能超额定电流	触电	戴绝缘手套	绝缘手套、500V 试电笔
1.2	检查流程是否正确，出口阀门开关是否灵活		碰伤手	戴手套	F 形扳手
1.3	检查出口压力表是否完好，记录水表和电表底数；通知相关岗位	压力表、水表、电表校检合格，并在校检期内	触电	仔细观察，抄电表底数要保持安全距离	纸、笔
2	启泵				

続表

操作顺序	操作项目、内容、方法及要求	技术要求	存在风险	风险控制措施	应用辅助工具用具
2.1	按动启动按钮，观察出口压力表压力开始上升时，打开出口排气阀门排气，见水后关闭放空阀	见水后关闭放空阀	触电，有害气体中毒	送电前检查启泵按钮的绝缘套，排放气体要站在上风口	500V试电笔、排污桶
2.2	缓慢打开出口阀门，根据生产调节好压力和排量	2至3分钟内必须打开出口阀	丝杠飞出伤人	侧身开阀门	F形扳手
3	回收工具、用具，清理现场				

2.5.3.4 应急处置程序

（1）若人员发生机械伤害，第一发现人员应立即停运致伤设备，现场视伤势情况对受伤人员进行紧急包扎处理；如伤势严重，应立即拨打120求救。

（2）若人员发生触电事故，第一发现人员应立即切断电源，视触电者伤势情况，采取人工呼吸、胸外心脏挤压等方法现场施救；如伤势严重，应立即拨打120求救。

2.6　电潜泵（水源井）停泵操作

2.6.1　电潜泵（水源井）停泵操作规程记忆歌诀

停前各项检查好，电压①电流各仪表②。

流程③出阀④压力表⑤，水表电表底数抄。

相关岗位先通告，断电出口关闭牢⑥。

冬季防冻保温好，工用具⑦记牌汇报⑧。

注释：①电压——指电源电压应在规定范围内；②电流各仪表——指电流表等相关仪表完好；③流程——指启泵前要检查确认井

口流程正确、沿途管路畅通；④出阀——指启泵前检查并确认出口阀灵活好用；⑤压力表——指压力表应量程合理，有检定合格证并在检定有效周期内；⑥出口关闭牢——指关严出口阀；⑦工用具——指完成操作后回收工用具；⑧记牌汇报：记——指做好相关记录；牌——指挂好设备停运指示牌；汇报——指必要时要向上级汇报情况。

2.6.2 电潜泵（水源井）停泵操作规程安全提示歌诀

启前查项不可少，电压阀门和仪表。

相关岗位先告知，切记防冻保温好。

2.6.3 电潜泵（水源井）停泵操作规程

2.6.3.1 电潜泵（水源井）停运风险提示

（1）操作人员、监护人员是否人数符合要求，是否持有上岗证，是否需要监护。查看机泵周围是否宽敞，是否有其他物品摆放。

（2）对设备流程进行检查，是否有异常并及时处理；物料、劳保用品是否准备齐全、符合要求。

（3）泄漏：启停泵流程倒错，造成系统压力突然升高，易发生管线或法兰泄漏事故。

（4）触电：停送电操作、检查、接地不良或电线裸露，易发生触电事故。

（5）机械伤害：劳动保护装备穿戴不符合要求，头发、衣角卷入旋转部位，易造成人员伤害事故；操作时站位不正确，工具滑脱，易发生工具伤人、人员滑倒碰伤等事故。

（6）设备损坏：固定螺栓松动造成机泵振动过大，机泵运行不平稳；机泵不同心，轴承缺油，易发生轴承损坏、烧电机事故。

2.6.3.2 电潜泵（水源井）停泵操作规程表

具体操作顺序、项目、内容等详见表2.6。

表 2.6　电潜泵（水源井）停泵操作规程表

操作顺序	操作项目、内容、方法及要求	技术要求	存在风险	风险控制措施	应用辅助工具用具
1	停泵前的准备				
1.1	检查配电柜各仪表是否完好，电压、电流是否正常	电压 380～420V 电流不能超额定电流	触电	戴绝缘手套	绝缘手套、500V 试电笔
1.2	检查流程是否正确，出口阀门开关是否灵活		碰伤手	戴绝缘手套	F 形扳手
1.3	检查出口压力表是否完好，记录水表和电表底数，通知相关岗位	压力表、水表、电表校检合格，并在校检期内	触电	仔细观察，抄电表底数要保持安全距离	纸、笔
2	停泵				
2.1	通知相关岗位并做好停泵准备工作				
2.2	按下停止按钮，关闭出口阀门，并做好记录		触电；丝杠飞出伤人	戴绝缘手套；侧身关闭阀门	绝缘手套、F 形扳手
2.3	冬季停泵注意做好保温工作，防止冻坏管线		管线冻裂	做好保温工作	保温毛毡
3	回收工具、用具，清理现场				

2.6.3.3　应急处置程序

（1）若人员发生机械伤害，第一发现人员应立即停运致伤设备，现场视伤势情况对受伤人员进行紧急包扎处理；如伤势严重，应立即拨打 120 求救。

（2）若人员发生触电事故，第一发现人员应立即切断电源，视触电者伤势情况，采取人工呼吸、胸外心脏挤压等方法现场施救；如伤势严重，应立即拨打 120 求救。

2.7　高压离心注水泵启泵操作

2.7.1　高压离心注水泵启泵操作规程记忆歌诀

启前检查须充分，流程畅通①液位宜②。

润滑油泵冷却水③，循环畅通先行启。

清障④细查各部分，地脚螺丝⑤联轴器。

量程合理压力表，轴承润滑牢接地。

电柜仪表细查看，进口打开排净气⑥。

侧身送电配电柜，活动出口⑦按钮启。

缓开出口调排量，启后再查⑧挂牌⑨记。

注释：①流程畅通——指站内流程畅通，同时联系相关岗位保证沿线流程畅通；②液位宜——指储水罐液位高度合适；③冷却水——指冷却水泵；④清障——指启泵前检查并清除泵周围障碍物；⑤地脚螺丝——指包括地脚螺丝在内的各部连接螺丝应牢固无松动；⑥排净气——指打开放空阀放净过滤缸和泵体内气体；⑦活动出口——指活动出口阀门确认其灵活好用；⑧启后再查——指启动后再次对各部分进行检查，若有异常应立即停机处理至正常方可重新启动；⑨挂牌——指挂好运行指示牌。

2.7.2　高压离心注水泵启泵操作规程安全提示歌诀

先查流程和液位，次启润滑冷却泵。

逐点确认再启泵，排净气体量调整。

2.7.3　高压离心注水泵启泵操作规程

2.7.3.1　高压离心注水泵启泵操作流程

其流程示意图如图 2.2 所示。

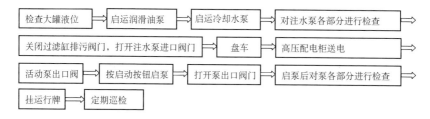

图 2.2　高压离心注水泵启泵操作流程示意图

2.7.3.2　高压离心注水泵启泵风险提示

（1）操作人员、监护人员是否人数符合要求，是否持有上岗证，是否需要监护。查看机泵周围是否宽敞，是否有其他物品摆放。

（2）对设备流程进行检查，是否有异常并及时处理；物料、劳保用品是否准备齐全、符合要求。

（3）泄漏：启停泵流程倒错，造成系统压力突然升高，易发生管线或法兰泄漏事故。

（4）触电：停送电操作、检查、接地不良或电线裸露，易发生触电事故。

（5）机械伤害：劳动保护装备穿戴不符合要求，头发、衣角卷入旋转部位，易造成人员伤害事故；操作时站位不正确，工具滑脱，易发生工具伤人、人员滑倒碰伤等事故。

（6）设备损坏：固定螺栓松动造成机泵振动过大，机泵运行不平稳；机泵不同心，轴承缺油，易发生轴承损坏、烧电机事故。

2.7.3.3　高压离心注水泵启泵操作规程表

具体操作顺序、项目、内容等详见表 2.7。

表 2.7　高压离心注水泵启泵操作规程表

操作顺序	操作项目、内容、方法及要求	技术要求	存在风险	风险控制措施	应用辅助工具用具
1	起运注水泵				
1.1	操作人员准备	最少两人	油气火灾、爆炸、人身伤害	穿戴防静电劳动保护用品	

操作顺序	操作项目、内容、方法及要求	技术要求	存在风险	风险控制措施	应用辅助工具用具
1.2	物料准备	应急物资、工具齐全			
1.3	检查工艺流程	工艺连接正确，各处法兰连接完好	溢流、憋压	仔细检查	
1.4	检查大罐液位	液位 6.5 ~ 8.5m			
1.5	启运润滑油泵	管压达到 0.1MPa	碰伤	观察好周围环境	扳手
1.6	启运冷却水泵	管压达到 0.2MPa	碰伤	观察好周围环境	扳手
1.7	对注水泵各部分进行检查				
1.7.1	检查泵周围是否有妨碍物，地脚螺丝是否紧固		碰伤	观察好周围环境	扳手
1.7.2	检查联轴器和护罩	间隙 3 ~ 8mm，护罩紧固	碰伤	观察好周围环境	千分尺、扳手
1.7.3	各部轴承润滑是否充分，各部螺丝有无松动		碰伤	观察好周围环境	扳手
1.7.4	检查压力指示仪表量	量程 0 ~ 25.0MPa，表盘与流程平行并上紧，表盘面向操作者	碰伤	观察好周围环境	扳手
1.7.5	检查地漏	畅通	碰伤	观察好周围环境	
1.7.6	检查电机接地线、配电柜及仪表	接地线紧，配电箱完好、仪表指示正确	碰伤	观察好周围环境	
1.7.7	检查注水泵润滑系统和冷却系统	系统畅通			
1.8	关闭过滤缸排污阀，打开注水泵进口阀		扳手滑落伤人	握紧扳手操作	阀门扳手
1.8.1	排掉过滤缸内气体	放尽气体，直到流出液体为止	碰伤	观察好周围环境	
1.8.2	排掉泵内气体	放尽气体，直到流出液体为止	碰伤	观察好周围环境	扳手

续表

操作顺序	操作项目、内容、方法及要求	技术要求	存在风险	风险控制措施	应用辅助工具用具
1.9	盘车	3 至 5 圈	摔倒	站立姿势正确	
1.10	高压配电柜送电				
1.10.1	切断高压隔离开关，低压电源开关放到外接电源位置，启动转换开关调节到本地启动，储能开关调节到试验位置		触电	穿绝缘鞋，戴绝缘手套	
1.10.2	按启动按钮启动，真空断路器真空接触器吸合，正常运转指示灯亮，配电柜正常工作		触电	穿绝缘鞋，戴绝缘手套	
1.10.3	关闭低压电源开关，如跳闸线圈动作，真空断路器分开，则配电柜可以正常使用		触电	穿绝缘鞋，戴绝缘手套	
1.10.4	将储能开关调到储能位置，启动转换开关调节到异地启动		触电	穿绝缘鞋，戴绝缘手套	
1.10.5	合高压隔离开关，低压电源开关放置到外接电源位置		触电	穿绝缘鞋，戴绝缘手套	
1.11	活动泵出口阀		扳手滑落伤人	握紧扳手操作	阀门扳手
1.12	按启动按钮启泵				
1.13	打开泵出口阀门	阀门全部打开	扳手滑落伤人	握紧扳手操作	阀门扳手
1.14	启泵后对泵各部分进行检查	轴承温度不超过65℃，电机出风温度不超过70℃	碰伤	观察好周围环境	
1.15	挂运行牌				
1.16	检查大罐液位	液位 6.5～8.5m			

2.7.3.4 应急处置程序

（1）若有人受伤，立即撤离不安全地点并进行紧急处理；若伤势严重，立即拨打 120 紧急救助。

（2）若有人触电，按触电应急处置程序进行紧急处理。

（3）若发生刺漏，立即停泵，关闭相关阀门，处理完毕后再启泵。

（4）若机泵启动后有异常，立即停泵，启备用泵；应汇报并立即进行处理。

2.8 高压离心注水泵停泵操作

2.8.1 高压离心注水泵停泵操作规程记忆歌诀

停前检查不落项，流程畅通①液位好②。

润滑油泵冷却水③，循环畅通要可靠。

地脚螺丝④联轴器，轴承润滑接地牢。

关注仪表配电柜，停前出口先关小。

关闭进口和出口，断电挂牌⑤不能少。

注释：①流程畅通——指站内流程畅通，同时联系相关岗位保证沿线流程畅通；②液位好——指储水罐液位高度合适；③冷却水——指冷却水泵；④地脚螺丝——指包括地脚螺丝在内的各部连接螺丝应牢固无松动；⑤挂牌——指挂好停运指示牌。

2.8.2 高压离心注水泵停泵操作规程安全提示歌诀

启前查项不可少，出口阀门先关小。

再关进阀和出阀，断电挂牌莫忘了。

2.8.3 高压离心注水泵停泵操作规程

2.8.3.1 高压离心注水泵停泵风险提示

（1）操作人员、监护人员是否人数符合要求，是否持有上岗证，是否需要监护。查看机泵周围是否宽敞，是否有其他物品摆放。

（2）对设备流程进行检查，是否有异常并及时处理；物料、劳保用品是否准备齐全、符合要求。

（3）泄漏：启停泵流程倒错，造成系统压力突然升高，易发生管线或法兰泄漏事故。

（4）触电：停送电操作、检查、接地不良或电线裸露，易发生触电事故。

（5）机械伤害：劳动保护装备穿戴不符合要求，头发、衣角卷入旋转部位，易造成人员伤害事故；操作时站位不正确，工具滑脱，易发生工具伤人、人员滑倒碰伤等事故。

（6）设备损坏：固定螺栓松动造成机泵振动过大，机泵运行不平稳；机泵不同心，轴承缺油，易发生轴承损坏、烧电机事故。

2.8.3.2 高压离心注水泵停泵操作规程表

具体操作顺序、项目、内容等详见表2.8。

表2.8　高压离心注水泵停泵操作规程表

操作顺序	操作项目、内容、方法及要求	技术要求	存在风险	风险控制措施	应用辅助工具用具
1	停运注水泵准备工作				
1.1	操作人员准备	最少两人	油气火灾、爆炸人身伤害	穿戴防静电劳动保护用品	
1.2	物料准备	应急物资、工具齐全			
1.3	检查工艺流程	工艺连接正确，各处法兰连接完好	溢流、憋压	仔细检查	
1.4	检查大罐液位	液位 6.5 ～ 8.5m			
1.5	对注水泵各部分进行检查				
1.6	检查泵周围是否有妨碍物，地脚螺丝是否紧固		碰伤	观察好周围环境	扳手
1.7	检查联轴器和护罩	间隙3～8mm，护罩紧固	碰伤	观察好周围环境	千分尺、扳手

操作顺序	操作项目、内容、方法及要求	技术要求	存在风险	风险控制措施	应用辅助工具用具
1.8	各部轴承润滑是否充分，各部螺丝有无松动		碰伤	观察好周围环境	扳手
1.9	检查压力指示仪表量	量程 0 ~ 25.0MPa，表盘与流程平行并上紧，表盘面向操作者	碰伤	观察好周围环境	扳手
1.10	检查地漏	畅通	碰伤	观察好周围环境	
1.11	检查电机接地线、配电柜及仪表	接地线紧，配电箱完好、仪表指示正确	碰伤	观察好周围环境	
1.12	检查注水泵润滑系统和冷却系统	系统畅通			
2	注水泵停运操作				
2.1	关小泵出口阀门				
2.2	按停止按钮，关闭泵出口阀门	关闭阀门时要迅速			
2.3	关闭泵进口阀门		碰伤	观察好周围环境	
2.4	切断电源，挂停运牌				

2.8.3.3 应急处置程序

（1）若有人受伤，立即撤离不安全地点并进行紧急处理；若伤势严重，拨打 120 紧急救助。

（2）若有人触电，按触电应急处置程序进行紧急处理。

（3）若发生刺漏，立即停泵，关闭相关阀门，处理完毕后再启泵。

（4）若机泵启动后有异常，立即停泵，启备用泵，应汇报并立即进行处理。

2.9 高压离心注水泵倒泵操作

2.9.1 高压离心注水泵倒泵操作规程记忆歌诀

关小预停泵[①]，开动预启泵。

压力排量调[②]，关掉预停泵。

检查各处好，停运挂牌[③]正。

注释：①关小预停泵——指倒泵操作首先要关小预停泵出口；②压力排量调——指将预启泵的压力和排量均调整到合理范围内；③停运挂牌——指在运行泵上挂好运行指示牌；在停运泵上挂好停运指示牌。

2.9.2 高压离心注水泵倒泵操作规程安全提示歌诀

启停停泵两操作，停泵出口先关小。

启泵压力排量调，两泵挂牌莫忘了。

2.9.3 高压离心注水泵倒泵操作规程

2.9.3.1 高压离心注水泵倒泵风险提示

（1）操作人员、监护人员是否人数符合要求，是否持有上岗证，是否需要监护。查看机泵周围是否宽敞，是否有其他物品摆放。

（2）对设备流程进行检查，是否有异常并及时处理；物料、劳保用品是否准备齐全、符合要求。

（3）泄漏：启停泵流程倒错，造成系统压力突然升高，易发生管线或法兰泄漏事故。

（4）触电：停送电操作，检查、接地不良或电线裸露，易发生触电事故。

（5）机械伤害：劳动保护装备穿戴不符合要求，头发、衣角卷入旋转部位，易造成人员伤害事故；操作时站位不正确，工具滑脱，易发生工具伤人、人员滑倒碰伤等事故。

（6）设备损坏：固定螺栓松动造成机泵振动过大，机泵运行不平稳；机泵不同心，轴承缺油，易发生轴承损坏、烧电机事故。

2.9.3.2 高压离心注水泵倒泵操作规程表

具体操作顺序、项目、内容等详见表 2.9。

表 2.9 高压离心注水泵倒泵操作规程表

操作顺序	操作项目、内容、方法及要求	技术要求	存在风险	风险控制措施	应用辅助工具用具
1	起运注水泵				
1.1	操作人员准备	最少两人	油气火灾、爆炸人身伤害	穿戴防静电劳动保护用品	
1.2	物料准备	应急物资、工具齐全			
1.3	检查工艺流程	工艺连接正确，各处法兰连接完好	溢流、憋压	仔细检查	
1.4	检查大罐液位	液位 6.5 ~ 8.5m			
1.5	启运润滑油泵	管压达到 0.1MPa	碰伤	观察好周围环境	扳手
1.6	启运冷却水泵	管压达到 0.2MPa	碰伤	观察好周围环境	扳手
1.7	对注水泵各部分进行检查				
1.7.1	检查泵周围是否有妨碍物，地脚螺丝是否紧固		碰伤	观察好周围环境	扳手
1.7.2	检查联轴器和护罩	间隙 3 ~ 8mm，护罩紧固	碰伤	观察好周围环境	千分尺、扳手
1.7.3	各部轴承润滑是否充分，各部螺丝有无松动		碰伤	观察好周围环境	扳手
1.7.4	检查压力指示仪表量	量程 0 ~ 25.0MPa，表盘与流程平行并上紧，表盘面向操作者	碰伤	观察好周围环境	扳手
1.7.5	检查地漏	畅通	碰伤	观察好周围环境	

操作顺序	操作项目、内容、方法及要求	技术要求	存在风险	风险控制措施	应用辅助工具用具
1.7.6	检查电机接地线、配电柜及仪表	接地线紧，配电箱完好、仪表指示正确	碰伤	观察好周围环境	
1.7.7	检查注水泵润滑系统和冷却系统	系统畅通			
1.8	关闭过滤缸排污阀，打开注水泵进口阀		扳手滑落伤人	握紧扳手操作	阀门扳手
1.8.1	排掉过滤缸内气体	放尽气体，直到流出液体为止	碰伤	观察好周围环境	
1.8.2	排掉泵内气体	放尽气体，直到流出液体为止	碰伤	观察好周围环境	扳手
1.9	盘车	3至5圈	摔倒	站立姿势正确	
1.10	高压配电柜送电				
1.10.1	切断高压隔离开关，低压电源开关放置到外接电源位置，启动转换开关调节到本地启动，储能开关调节到试验位置		触电	穿绝缘鞋，戴绝缘手套	
1.10.2	按启动按钮启动，真空断路器真空接触器吸合，正常运转指示灯亮，配电柜正常工作		触电	穿绝缘鞋，戴绝缘手套	
1.10.3	关闭低压电源开关，如跳闸线圈动作，真空断路器分开，则配电柜可以正常使用		触电	穿绝缘鞋，戴绝缘手套	
1.10.4	将储能开关调到储能位置，启动转换开关调节到异地启动		触电	穿绝缘鞋，戴绝缘手套	
1.10.5	合高压隔离开关，低压电源开关放置到外接电源位置		触电	穿绝缘鞋，戴绝缘手套	

操作顺序	操作项目、内容、方法及要求	技术要求	存在风险	风险控制措施	应用辅助工具用具
1.11	活动泵出口阀		扳手滑落伤人	握紧扳手操作	阀门扳手
1.12	按启动按钮启泵				
1.13	打开泵出口阀门	阀门全部打开	扳手滑落伤人	握紧扳手操作	阀门扳手
1.14	启泵后对泵各部分进行检查	轴承温度不超过65℃，电机出风温度不超过70℃	碰伤	观察好周围环境	
1.15	挂运行牌				
1.16	检查大罐液位	液位6.5～8.5m			
2	注水泵停运				
2.1	关小泵出口阀门				
2.2	按停止按钮，关闭泵出口阀门	关闭阀门时要迅速			
2.3	关闭泵进口阀门		碰伤	观察好周围环境	
2.4	切断电源，挂停运牌				
3	倒注水泵				
3.1	检查备用泵	备用泵符合起运条件			
3.2	停运预停泵		碰伤	观察好周围环境	
3.3	启用备用泵		碰伤	观察好周围环境	
4	启泵后对泵各部分进行检查	轴承温度不超过65℃，电机出风温度不超过70℃			

2.9.3.3 应急处置程序

（1）若有人受伤，立即撤离不安全地点并进行紧急处理；若伤势严重，拨打 120 紧急救助。

（2）若有人触电，按触电应急处置程序进行紧急处理。

（3）若发生刺漏，立即停泵，关闭相关阀门，处理完毕后再启泵。

（4）若机泵启动后有异常，立即停泵，启备用泵，应汇报并立即进行处理。

2.10　真空（相变）炉点炉操作

2.10.1　真空（相变）炉点炉操作规程记忆歌诀

2.10.1.1　点炉前准备工作记忆歌诀

> 清障①通风点炉前，各阀灵活皆关闭。
>
> 液位正常范围内，灵活好用液位计。
>
> 火孔清洁须达标，完好仪表温度计。
>
> 防爆门好真空阀，管线通畅不漏气。
>
> 前后压力减压阀，正常范围不外溢。
>
> 完好远程启动柜，接线牢靠勿麻痹。
>
> 合闸送电设温度，送电牌挂勿忘记。
>
> 准备工作记录明，切换流程通信息②。

注释：①清障——指点炉前检查并清除炉体周围障碍物；②通信息——指点炉前告知相关岗位，确保沿途管路畅通。

2.10.1.2　点炉操作记忆歌诀

> 首先启动燃烧器，锅筒压力不超值①。
>
> 运行牌悬挂指示，巡回检查一小时②。
>
> 记录清楚燃烧器，排烟温压记录值。
>
> 两次点炉五分隔③，二次不成严禁试。
>
> 查明原因定牢记，否则不准再尝试。

新装炉和修复炉，烘炉时间二十四④。

注释：①不超值——指启动燃烧器后锅筒压力控制在规定范围内，做好记录；②一小时——指每小时检查排烟情况、温度、压力等燃烧器运行情况，做好记录；③五分隔——指严禁连续点炉 2 次以上，每次点炉间隔 5 分钟以上；④二十四——指新装炉和修复炉烘炉时间不得少于 24 小时。

2.10.1.3　做真空操作记忆歌诀

液位计阀①排气阀②，水位达标关进水③。

关闭原油进出阀，温度远程控制柜④。

然后启动燃烧器，快速升温锅筒水。

一百一和零点一⑤，温度压力范围对。

换热器上排气阀，排气五八即复位⑥。

关排气开排污阀，液位下降区间⑦退。

关排污停燃烧器，炉体压力额定⑧汇。

重设参数⑨转正常，记牌汇报⑩都做对。

注释：①液位计阀——指打开液位计上下控制阀；②排气阀——指打开炉体上排气阀；③水位达标关进水——指给炉体加水加到规定水位后关闭进水阀；④温度远程控制柜——指在远程控制柜输入温度；⑤一百一和零点一：一百一——指启动燃烧器使锅筒内水温急剧上升到 110℃ 以上；零点一——指锅筒内压力升至 0.1MPa；⑥五八即复位——指人为打开换热器上部的排气阀，排气 5～8 分钟关闭；⑦区间——指关闭排气阀，打开排污阀，当液位降到规定区间时关闭排污阀；⑧额定——指炉体压力控制在额的工作压力内，一般为 -0.02～0.09MPa 内；⑨参数——指重新根据生产要求设定启动柜温度、启炉温度、目标温度、停炉温度，打开含水原油进、出口阀门；⑩记牌汇报：记——指做好相关记录；牌——指挂好设备运行指示牌；汇报——指必要时要向上级汇报情况。

2.10.2　真空（相变）炉点炉操作规程安全提示歌诀

清障通风点炉前，各项准备不落项。

点炉正常做真空，心中牢记禁忌项。

2.10.3　真空（相变）炉点炉操作规程

2.10.3.1　真空（相变）炉点炉操作流程

其操作流程示意图如图 2.3 所示。

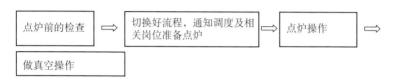

图 2.3　真空（相变）炉点炉操作流程示意图

2.10.3.2　真空（相变）炉点停炉操作风险提示

（1）泄漏：过滤缸放空关不严或清理过滤缸时上游阀门关不严，调压阀接线漏气或调压阀卡关不严漏气。

（2）触电：停送电操作检查、接地不良，控制柜设定温度时，易发生触电事故。

（3）机械伤害：劳动保护装备穿戴不符合要求，头发、衣角卷入旋转部位，易造成人员伤害事故；操作时站位不正确，工具滑脱，易发生工具伤人、上下炉梯人员滑倒碰伤等事故。

（4）设备损坏：固定螺栓松动造成机泵振动过大，机泵运行不平稳；机泵不同心，轴承缺油，易发生轴承损坏、烧电机事故。

（5）高处坠落：在炉上安装或开关阀门、压力表操作没有系安全带滑倒易造成坠落摔伤。

（6）灼烫：真空炉排气、排污、清水位计操作，人员站位不当，开关过猛，热水刺出，易发生灼伤。

（7）火灾：点火间天然气管线泄漏遇明火，点火间天然气泄漏静电火花着火。

（8）锅炉爆炸：点火时，检漏装置失灵，炉膛内有可燃气体发生爆炸。

（9）中毒和窒息：点火间天然气泄漏，造成操作人员硫化氢中毒和缺氧窒息等事故。

2.10.3.3 真空（相变）炉点炉操作规程表

具体操作顺序、项目、内容等详见表2.10。

表2.10 真空（相变）炉点炉操作规程表

操作顺序	操作项目、内容、方法及要求	存在风险	风险控制措施	应用辅助工具用具
1	点炉前准备工作	操作规程不符合实际	按设备配置专项操作规程	按规定穿戴劳保用品
1.1	锅炉前应清洁，无杂物和易燃物品，炉前应通风良好，有照明设施	有杂物启炉易堵塞风箱口，无照明巡检人员易碰伤	清除杂物，定期检查照明	棉纱若干、扫把
1.2	检查炉各阀门是否灵活好用，均处于关闭状态	丝杠飞出伤人	关阀门侧身操作	F形扳手
1.3	检查加热炉液位计是否灵活，应在正常范围内	站位不合理，工具用错，烫伤	站位合理、正确使用工具，要缓慢开关阀门	19～22、22～24呆扳手
1.4	检查仪表、温度计是否齐全，火孔应清洁	仪表失灵，误操作，造成憋压、超温，管线刺漏	定期校检仪表	棉纱若干
1.5	检查看真空阀、防爆门是否完好无损	上下炉梯检查滑倒或刮伤。防爆门失灵损坏设备	上下炉梯要把住扶手，定期手动试验真空阀、检查防爆门开关是否灵活	手套
1.6	检查天然气管路应畅通、无泄漏。减压阀前燃气供应压力应在0.1～0.3MPa，减压阀后的燃气压力应在10～20kPa之间	天然气中毒	加强通风	250mm活动扳手、17～19呆扳手、F形扳手

操作顺序	操作项目、内容、方法及要求	存在风险	风险控制措施	应用辅助工具用具
1.7	检查远程启动柜接线完好，合闸送电，首先设定温控器温度必须大于远程控制柜停炉温度，将现场开关，按在开的位置；挂上送电牌	触电，仪表失灵造成设备损坏	戴好防护手套，接地线牢固，及时检查校检仪表	绝缘手套、试电笔
1.8	切换好流程，通知调度及相关岗位准备点炉，并做好记录	丝杠飞出伤人	开关阀门要侧身	F形扳手
2	点炉操作	操作规程不符合实际	按设备配置单项操作规程	按规定穿戴劳保用品
2.1	按启动按钮，启动燃烧器加热，正常运行锅筒压力控制在 −0.02 ~ 0.09MPa 内。挂上运行牌做好记录。	触电、温度高造成汽化或超压运行	定期检查、合理设置各参数	试电笔、棉纱布若干
2.2	每小时检查炉体各部件，排烟情况、温度、压力、燃烧器运行情况，并做好记录 ①严禁连续点炉两次以上，每次点炉间隔时间必须在5分钟以上； ②两次点炉不成功，必须查明原因，如不清原因，严禁点炉（汇报队里，请专业维修人员现场维修）	燃烧不好，冒黑烟污染环境，温度高汽化，压力超高，真空阀起跳，损失热量	火焰淡蓝色，保证充分燃烧，定期检查各参数在规定范围内	250mm 活动扳手、17 ~ 19 呆扳手、棉纱若干
2.3	新装或修复后的锅炉烘炉时间不得少于24小时	充气爆炸	保证炉内吹风时间	
3	做真空操作	操作规程不符合实际	按设备配置单项操作规程	按规定穿戴劳保用品
3.1	打开液位计上下控制阀，打开炉体上排气阀，打开进水阀门，给炉体加水，加到水位计3m后关闭进水阀	上下炉梯检查滑倒摔伤，丝杠飞出伤人	上下炉梯要把住扶手、开关阀门要侧身	250mm 活动扳手、17 ~ 19 呆扳手、F形扳手

操作顺序	操作项目、内容、方法及要求	存在风险	风险控制措施	应用辅助工具用具
3.2	关闭含水原油进出口阀门，打开出口阀门，在远程控制柜输入温度100℃，启动燃烧器加热，使锅筒内水温急剧上升，当温度升至110℃，锅筒压力升至0.1MPa时，当温度升至110℃以上时人为打开换热器上部的全部排气阀，排空气5～8分钟关闭；打开排污阀当液位水位降到0.5～0.9m之间时，关闭排污阀（注意炉体压力控制在额定工作压力内，一般为－0.02～0.09MPa内）；停止燃烧器运行	丝杠飞出伤人。蒸汽烫伤	侧身操作。人站在上风口，保持一定安全距离	250mm活动扳手、17～19呆扳手
3.3	重新根据生产要求设定启动柜温度、启炉温度、目标温度、停炉温度；打开含水原油进出口阀门；转入正常生产	汽化，凝炉、设备损坏	按规定设置参数	绝缘手套、试电笔
4	挂上运行牌，做好记录			

2.10.3.4 应急处置程序

（1）若人员发生机械伤害，第一发现人员应立即停运致伤设备，现场视伤势情况对受伤人员进行紧急包扎处理；如伤势严重，应立即拨打120求救。

（2）若人员发生触电事故，第一发现人员应立即切断电源，视触电者伤势情况，采取人工呼吸、胸外心脏挤压等方法现场施救；如伤势严重，应立即拨打120求救。

2.11 真空（相变）炉停炉操作

2.11.1 真空（相变）炉停炉操作规程记忆歌诀

2.11.1.1 停炉前准备工作记忆歌诀

清障①检查停炉前，各阀灵活要牢记。

液位正常范围内，灵活好用液位计。

火孔清洁须达标，完好仪表温度计。

真空阀好防爆门，管线通畅不漏气。

前后压力减压阀，压力正常范围里。

正常完好远程柜②，接线牢靠勿麻痹。

准备工作记录明，切换流程通信息。

注释：①清障——指停炉前检查并清除炉体周围障碍物；②远程柜——指远程启动柜和远程控制柜。

2.11.1.2　停炉操作记忆歌诀

停前火力先关小，按钮停止燃烧器。

断电挂上停电牌，降温三四小时宜①。

关闭原油进出阀，放净存水②须切记。

勿忘挂上停运牌，相关记录如实记。

注释：①降温三四小时宜——指停止燃烧器待 3～4 小时后锅炉温度降到允许温度值时才可进行停炉操作；②放净存水——指冬季或长时间停运备用的加热炉，应将锅壳内存水放净，介质盘管可以控制流量，防止管线冻凝。

2.11.2　真空（相变）炉停炉操作规程安全提示歌诀

清障检查停炉前，切换流程通信息。

停火降温三四时，放净存水挂牌记。

2.11.3　真空（相变）炉停炉操作规程

2.11.3.1　真空（相变）炉停炉操作风险提示

（1）泄漏：过滤缸放空关不严或清理过滤缸时上游阀门关不严，调压阀接线漏气或调压阀卡关不严漏气。

（2）触电：停送电操作检查、接地不良，控制柜设定温度时，易发生触电事故。

（3）机械伤害：劳动保护装备穿戴不符合要求，头发、衣角卷入旋转部位，易造成人员伤害事故；操作时站位不正确，工具滑脱，易发生工具伤人、上下炉梯人员滑倒碰伤等事故。

（4）设备损坏：固定螺栓松动造成机泵振动过大，机泵运行不平稳；机泵不同心，轴承缺油，易发生轴承损坏、烧电机事故。

（5）高处坠落：在炉上安装或开关阀门、压力表操作没有系安全带滑倒易造成坠落摔伤。

（6）灼烫：真空炉排气、排污、清水位计操作，人员站位不当，开关过猛，热水刺出，易发生灼伤。

（7）火灾：点火间天然气管线泄漏遇明火，点火间天然气泄漏静电火花着火。

（8）锅炉爆炸：点火时，检漏装置失灵，炉膛内有可燃气体发生爆炸。

（9）中毒和窒息：点火间天然气泄漏，造成操作人员硫化氢中毒和缺氧窒息等事故。

2.11.3.2　真空（相变）停炉操作规程表

具体操作顺序、项目、内容等详见表2.11。

表2.11　真空（相变）停炉操作规程表

操作顺序	操作项目、内容、方法及要求	存在风险	风险控制措施	应用辅助工具用具
1	停炉前准备工作	操作规程不符合实际	按设备配置专项操作规程	按规定穿戴劳保用品
1.1	锅炉前应清洁、无杂物和易燃物品，炉前应通风良好，有照明设施	有杂物启炉易堵塞风箱口，无照明巡检人员易碰伤	清除杂物，定期检查照明	棉纱若干、扫把
1.2	检查炉各阀门是否灵活好用	丝杠飞出伤人	关阀门侧身操作	F形扳手
1.3	检查加热炉液位计灵活，应在正常范围内	站位不合理，工具用错，烫伤	站位合理、正确使用工具，要缓慢开关阀门	19～22、22～24呆扳手

操作顺序	操作项目、内容、方法及要求	存在风险	风险控制措施	应用辅助工具用具
1.4	检查仪表、温度计齐全、火孔应清洁	仪表失灵、误操作，造成憋压、超温、管线刺漏。	定期校检仪表	棉纱若干
1.5	检查看真空阀、防爆门是否完好无损	上下炉梯检查滑倒或刮伤。防爆门失灵损坏设备。	上下炉梯要把住扶手，定期手动试验真空阀、检查防爆门开关灵活	手套
1.6	检查天然气管路应畅通、无泄漏，减压阀前燃气供应压力应在0.1～0.3MPa之间，减压阀后的燃气压力应在10～20KPa之间	天然气中毒	加强通风	250mm活动扳手，17～19呆扳手，F形扳手
1.7	检查远程启动柜接线完好，合闸送电，首先设定温控器温度必须大于远程控制柜停炉温度，将现场开关，按在开的位置；挂上送电牌	触电，仪表失灵造成设备损坏	戴好防护手套，接地线牢固，对仪表及时检查校检。	绝缘手套、试电笔
1.8	切换好流程，通知调度及相关岗位准备点炉，并做好记录	丝杠飞出伤人	开关阀门要侧身	F形扳手
2	停炉操作	操作规程不符合实际	按设备配置单项操作规程	按规定穿戴劳保用品
2.1	当锅炉需要停炉时，根据上级指示做好停炉准备			
2.2	根据实际温度，设定启炉温度、目标温度、停炉温度和实际温度相近；使火力由大到小，按启动柜停止键，停止燃烧器运行；关闭总电源，挂上停止牌，做好记录；降温3～4小时后关闭原油进出口阀门	触电	戴绝缘手套	绝缘手套
2.3	冬季或长时间停备用的加热炉，应将锅壳内存水放净，介质盘管可以控制流量，防止管线冻凝	冻炉或凝炉事故	放尽炉内水，介质盘管可以控制流量，防止管线冻凝	250mm活动扳手，17～19呆扳手，F形扳手
3	挂上停运牌，做好记录			

2.11.3.3 应急处置程序

（1）若人员发生机械伤害，第一发现人员应立即停运致伤设备，现场视伤势情况对受伤人员进行紧急包扎处理；如伤势严重，应立即拨打 120 求救。

（2）若人员发生触电事故，第一发现人员应立即切断电源，视触电者伤势情况，采取人工呼吸、胸外心脏挤压等方法现场施救；如伤势严重，应立即拨打 120 求救。

2.12 真空（相变）炉倒炉操作

2.12.1 真空（相变）炉倒炉操作规程记忆歌诀

点火升温遵规程[①]，温度达标[②]循环炉[③]。

确认正常备用炉[④]，缓慢降温运行炉[⑤]。

降温达标方可停[⑥]，执行规程去停炉[⑦]。

注释：①遵规程——指按点炉操作规程对备用炉点火升温；②温度达标——指锅炉温度上升到规定的温度；③循环炉——指锅炉温度达到规定值时方可开原油进出口阀进行循环；④确认正常备用炉——指确认备用炉各项指标均正常；⑤缓慢降温运行炉——指确认备用炉各项指标均正常后，才能关小运行炉火力，按规定进行缓慢降温；⑥降温达标方可停——指运行炉温度降低到规定值时，才能停掉运行炉；⑦执行规程去停炉——指按照停炉操作规程停掉运行炉。

2.12.2 真空（相变）炉倒炉操作规程安全提示歌诀

点炉停炉两操作，备炉升温循环好。

停炉降温须达标，启停规程莫忘了。

2.12.3 真空（相变）炉倒炉操作规程

2.12.3.1 真空（相变）炉倒炉操作流程

其操作流程示意图如图 2.4 所示。

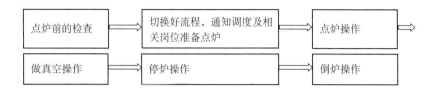

图 2.4 真空（相变）炉点停炉操作流程示意图

2.12.3.2 真空（相变）炉倒炉操作风险提示

（1）泄漏：过滤缸放空关不严或清理过滤缸时上游阀门关不严，调压阀接线漏气或调压阀卡关不严漏气。

（2）触电：停送电操作检查、接地不良，控制柜设定温度时，易发生触电事故。

（3）机械伤害：劳动保护穿戴不符合要求，头发、衣角卷入旋转部位，易造成人员伤害事故；操作时站位不正确，工具滑脱，易发生工具伤人、上下炉梯人员滑倒碰伤等事故。

（4）设备损坏：固定螺栓松动造成机泵振动过大，机泵运行不平稳；机泵不同心，轴承缺油，易发生轴承损坏、烧电机事故。

（5）高处坠落：在炉上安装或开关阀门、压力表操作没有系安全带滑倒易造成坠落摔伤。

（6）灼烫：真空炉排气、排污、清水位计操作，人员站位不当，开关过猛，热水刺出，易发生灼伤。

（7）火灾：点火间天然气管线泄漏遇明火，点火间天然气泄漏静电火花着火。

（8）锅炉爆炸：点火时，检漏装置失灵，炉膛内有可燃气体发生爆炸。

（9）中毒和窒息：点火间天然气泄漏，造成操作人员硫化氢中毒和缺氧窒息等事故。

2.12.3.3 真空（相变）炉倒炉操作规程表

具体操作顺序、项目、内容等详见表 2.12。

表 2.12 真空（相变）炉倒炉操作规程表

操作顺序	操作项目、内容、方法及要求	存在风险	风险控制措施	应用辅助工具用具
1	点炉前准备工作	操作规程不符合实际	按设备配置专项操作规程	按规定穿戴劳保用品
1.1	锅炉前应清洁、无杂物和易燃物品。炉前应通风良好，有无照明设施	有杂物启炉易堵塞风箱口，无照明巡检人员易碰伤	清除杂物，定期检查照明	棉纱若干、扫把
1.2	检查炉各阀门灵活好用，均处于关闭状态	丝杠飞出伤人	关阀门侧身操作	F形扳手
1.3	检查加热炉液位计灵活，应在正常范围内	站位不合理，工具用错，烫伤	站位合理、正确使用工具，要缓慢开关阀门	19～22、22～24呆扳手
1.4	检查仪表、温度计齐全、火孔应清洁	仪表失灵，误操作，造成憋压、超温，管线刺漏	定期校检仪表	棉纱若干
1.5	检查看真空阀、防爆门是否完好无损	上下炉梯检查滑倒或刮伤。防爆门失灵损坏设备。	上下炉梯要把住扶手，定期手动试验真空阀、检查防爆门开关是否灵活	手套
1.6	检查天然气管路应畅通、无泄漏，减压阀前燃气供应压力应在0.1～0.3MPa之间，减压阀后的燃气压力应在10～20KPa之间	天然气中毒	加强通风	250mm活动扳手、17～19呆扳手、F形扳手
1.7	检查远程启动柜接线完好，合闸送电，首先设定温控器温度必须大于远程控制柜停炉温度，将现场开关，按在开的位置；挂上送电牌	触电，仪表失灵造成设备损坏	戴好防护手套，接地线牢固，及时检查校检仪表	绝缘手套、试电笔
1.8	切换好流程，通知调度及相关岗位准备点炉，并做好记录	丝杠飞出伤人	开关阀门要侧身	F形扳手
2	点炉操作	操作规程不符合实际	按设备配置单项操作规程	按规定穿戴劳保用品

操作顺序	操作项目、内容、方法及要求	存在风险	风险控制措施	应用辅助工具用具
2.1	按启动按钮，启动燃烧器加热，正常运行锅筒压力控制在 −0.02 ~ 0.09MPa 内。挂上运行牌做好记录	触电、温度高造成汽化或超压运行	定期检查，合理设置各参数	试电笔、棉纱布若干
2.2	每小时检查炉体各部件，排烟情况，温度、压力、燃烧器运行情况，并做好记录 ①严禁连续点炉两次以上，每次点炉间隔时间必须在 5 分钟以上； ②两次点炉不成功，必须查明原因，如查不清原因，严禁点炉（汇报队里，请专业维修人员现场维修）	燃烧不好，冒黑烟污染环境，温度高汽化，压力超高，真空阀起跳，损失热量	火焰淡蓝色，保证充分燃烧，定期检查各参数是否在规定范围内	250mm 活动扳手、17 ~ 19 呆扳手、棉纱若干
2.3	新装或修复后的锅炉烘炉时间不得少于 24 小时	充气爆炸	保证炉内吹风时间	
3	做真空操作	操作规程不符合实际	按设备配置单项操作规程	按规定穿戴劳保用品
3.1	打开液位计上下控制阀，打开炉体上排气阀，打开进水阀门，给炉体加水，加到水位计 3m 处后关闭进水阀	上下炉梯检查滑倒摔伤，丝杠飞出伤人	上下炉梯要把住扶手、开关阀门要侧身	250mm 活动扳手、17 ~ 19 呆扳手、F 形扳手
3.2	关闭含水原油进出口阀门，打开出口阀门，在远程控制柜输入温度 100℃，启动燃烧器加热，使锅筒内水温急剧上升，当温度升至 110℃，锅筒压力升至 0.1MPa 时，当温度升至 110℃ 以上人打开换热器上部的全部排气阀，排空气 5 ~ 8 分钟关闭。打开排污阀当液位水位降到 0.5 ~ 0.9m 之间时，关闭排污阀（注意炉体压力控制在额定工作压力内，一般为 −0.02 ~ 0.09MPa 内）；停止燃烧器运行	丝杠飞出伤人。蒸汽烫伤	侧身操作。人站在上风口，保持一定安全距离	250mm 活动扳手、17 ~ 19 呆扳手

操作顺序	操作项目、内容、方法及要求	存在风险	风险控制措施	应用辅助工具用具
3.3	重新根据生产要求设定启动柜温度、启炉温度、目标温度、停炉温度；打开含水原油进出口阀门；转入正常生产	汽化，凝炉、设备损坏	按规定设置参数	绝缘手套、试电笔
4	停炉操作	操作规程不符合实际	按设备配置单项操作规程	按规定穿戴劳保用品
4.1	当锅炉需要停炉时，根据上级指示做好停炉准备			
4.2	根据实际温度，设定启炉温度、目标温度、停炉温度和实际温度相近；使火力由大到小，按启动柜停止键，停止燃烧器运行。关闭总电源。挂上停止牌，做好记录；降温3~4小时后关闭原油进出口阀门	触电	戴绝缘手套	绝缘手套
4.3	冬季或长时间停备用的加热炉，应将锅壳内存水放净，介质盘管可以控制流量，防止管线冻凝	冻炉或凝炉事故	放尽炉内水，介质盘管可以控制流量，防止管线冻凝	250mm活动扳手、17~19呆扳手、F形扳手
5	倒炉操作	操作规程不符合实际	按设备配置单项操作规程	按规定穿戴劳保用品
5.1	按点炉前准备工作的规定做好备用炉点火前的一切准备	上下炉梯检查滑倒摔伤或碰伤	上下炉梯要扶住扶手	棉纱若干
5.2	按规程对备用炉进行点火升温	蒸汽烫伤手轮飞出伤人	人站在上风口，保持一定安全距离，侧身操作	250mm活动扳手、17~19呆扳手
5.3	当备用炉内的温度达到工作温度时，打开备用炉含水原油进出口阀后，进行介质循环	丝杠飞出伤人	侧身操作	250mm活动扳手、17~19呆扳手、F形扳手
5.4	当备用炉正常运行时，慢慢降低运行炉的温度，然后按正常停炉规程停掉运行炉	丝杠飞出伤人，流程倒错憋压管线刺漏	侧身操作，对流程进行检查	250mm活动扳手、17~19呆扳手、F形扳手
5.5	挂上运行牌和停运牌，做好记录			

2.12.3.4 应急处置程序

（1）若人员发生机械伤害，第一发现人员应立即停运致伤设备，现场视伤势情况对受伤人员进行紧急包扎处理；如伤势严重，应立即拨打120求救。

（2）若人员发生触电事故，第一发现人员应立即切断电源，视触电者伤势情况，采取人工呼吸、胸外心脏挤压等方法现场施救；如伤势严重，应立即拨打120求救。

2.13 收油操作

2.13.1 收油操作规程记忆歌诀

收油泵罐①流程查，收油阀开②开进阀③。

观察液位④开出口⑤，启泵收油关收阀⑥。

收罐液位零点五⑦，停泵关闭进出阀⑧。

收油完毕做记录，流程复原每个阀⑨。

注释：①收油泵罐——指收油泵和收油罐；②收油阀开——指打开收油罐收油阀；③开进阀——指打开收油罐进口阀；④观察液位——指观察收油罐液位；⑤开出口——指打开收油罐出口阀；⑥启泵收油关收阀——指启动收油泵收油完毕关闭收油阀；⑦收罐液位零点五——指收油罐液位抽到0.5m时停收油泵；⑧停泵关闭进出阀——指关闭收油罐和收油泵的进、出口阀门；⑨流程复原每个阀——指倒回原流程时每个阀门都要回复到原来的状态。

2.13.2 收油操作规程安全提示歌诀

定收油罐查流程，通畅流程收泵启。

收罐液位零点五，流程复原须牢记。

2.13.3　收油操作规程

2.13.3.1　收油操作流程示意图

其操作流程示意图如图 2.5 所示。

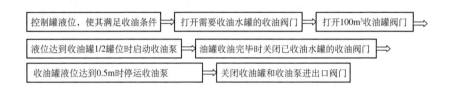

图 2.5　收油操作流程示意图

2.13.3.2　风险提示

（1）操作人员、监护人员是否人数符合要求，是否持有上岗证，是否需要监护。查看机泵周围是否宽敞，是否有其他物品摆放。

（2）对设备流程进行检查，是否有异常并及时处理；物料、劳保用品是否准备齐全、符合要求。

（3）泄漏：启停泵流程倒错，造成系统压力突然升高，易发生管线或法兰泄漏事故。

（4）触电：停送电操作、检查、接地不良或电线裸露，易发生触电事故。

（5）机械伤害：劳动保护穿戴不符合要求，头发、衣角卷入旋转部位，易造成人员伤害事故；操作时站位不正确，工具滑脱，易发生工具伤人、人员滑倒碰伤等事故。

（6）设备损坏：固定螺栓松动造成机泵振动过大，机泵运行不平稳；机泵不同心，轴承缺油，易发生轴承损坏、烧电机事故。

（7）罐壁腐蚀渗漏，阀门法兰、人孔、管线焊口处发生渗漏。

（8）液位计失灵或人员监控不到位造成冒罐。

2.13.3.3　收油操作规程表

具体操作顺序、项目、内容等详见表 2.13。

表 2.13　收油操作规程表

操作顺序	操作项目、内容、方法及要求	技术要求	存在风险	风险控制措施	应用辅助工具用具
1	操作前的准备工作				
1.1	操作人员准备		油气火灾、爆炸，人身伤害	穿戴防静电劳动保护用品	
1.2	物料准备	应急物资、工具齐全			
1.3	检查工艺流程	工艺连接正确，各处法兰连接完好	溢流、憋压	仔细检查	
2	确定需要收油的水罐	注水罐液位不低于8.9m，污水缓冲罐液位不低于2.5m			
3	检查收油流程及收油泵和收油罐	阀门灵活好用、收油泵完好，收油罐完好	碰伤、扭伤	观察好周围环境	阀门扳手
4	打开收油水罐收油阀门		碰伤、扭伤	观察好周围环境	阀门扳手
5	打开收油罐进口阀门		碰伤、扭伤	观察好周围环境	阀门扳手
6	观察收油罐液位	不超过1m	碰伤、扭伤	观察好周围环境	阀门扳手
7	打开收油罐出口阀门		碰伤、扭伤	观察好周围环境	阀门扳手
8	启动收油泵	液位达到2.5m时	碰伤、扭伤	观察好周围环境	阀门扳手
9	收油完毕时关闭收油阀门		碰伤、扭伤	观察好周围环境	阀门扳手
10	收油罐液位抽到0.5m时停收油泵		碰伤、扭伤	观察好周围环境	阀门扳手
11	关闭收油罐进出口阀门		碰伤、扭伤	观察好周围环境	阀门扳手
12	关闭收油泵进出口阀门		碰伤、扭伤	观察好周围环境	阀门扳手
13	做好收油记录				

2.13.3.4 应急处置程序

（1）发生渗漏时，立即停止收油操作，倒流程将罐内液体抽出，此罐停止使用；如冒罐，立即停止收油操作，倒流程抽油将液位降到安全高度，采用人工量油方式确定液位高度。

（2）如有人员受伤，应参照《现场应急救护常识》进行现场救治后将伤者送往医院救治。

2.14 锅炉排污操作

2.14.1 锅炉排污操作规程记忆歌诀

收油准备查流程，锅炉必须加满水。

调火最大①正向压②，缓排③液位低加水④。

见到清水排阀闭⑤，锅炉液位须常规⑥。

注释：①调火最大——指将锅炉的炉火调到最大；②正向压——指炉体压力表呈现正向；③缓排——指缓慢打开排污阀；④液位低加水——指打开排污阀的同时观察液位，液位低时要及时加水；⑤见到清水排阀闭——指排污时见到流出清水后关闭排污阀；⑥锅炉液位须常规——指排污过程中锅炉液位要在正常液位。

2.14.2 锅炉排污操作规程安全提示歌诀

排污先行加满水，炉火最大正向压。

缓排液位低加水，见到清水关排阀。

2.14.3 锅炉排污操作规程

2.14.3.1 锅炉排污操作流程

其操作流程示意图如图2.6所示。

锅炉内水加满 ⟹ 锅炉烧到正压 ⟹ 打开排污阀门排污 ⟹ 见清水后关闭排污阀门

图2.6 锅炉排污操作流程示意图

2.14.3.2 操作风险提示

（1）操作人员、监护人员是否人数符合要求，是否持有上岗证，是否需要监护。查看锅炉周围是否宽敞，是否有其他物品摆放。

（2）对设备流程进行检查，是否有异常并及时处理；物料、劳保用品是否准备齐全、符合要求。

（3）泄漏：开关点火间内的天然气管线阀门填料损坏漏气，过滤缸放空关不严或清理过滤缸时上游阀门关不严，调压阀接线漏气或调压阀卡关不严漏气。

（4）机械伤害：操作时站位不正确，工具滑脱，易发生工具伤人。

（5）灼烫：排污时人员站位不正确易发生灼伤。

（6）坠落：锅炉加水开阀门时容易坠落。

2.14.3.3 锅炉排污操作规程表

具体操作顺序、项目、内容等详见表2.14。

表2.14 锅炉排污操作规程表

操作顺序	操作项目、内容、方法及要求	技术要求	存在风险	风险控制措施	应用辅助工具用具
1	操作前的准备工作				
1.1	操作人员准备		油气火灾、爆炸、人身伤害	穿戴防静电劳动保护用品	
1.2	物料准备	应急物资、工具齐全			
1.3	检查工艺流程	工艺连接正确，各处法兰连接完好	溢流、憋压	仔细检查	
2	检查锅炉水位，缺水时加水	锅炉必须满水位	坠落	系安全带	安全带
3	调整锅炉大小火	把火调到最大，炉体压力表呈正压	汽化	及时巡检	
4	打开排污阀门	缓慢打开，同时要观察锅炉液位，液位低时要及时加水	烫伤	带好手套	阀门扳手
5	关闭排污阀门	见清水后关闭排污阀门	烫伤	带好手套	阀门扳手
6	加强巡检	锅炉液位要在正常液位			

2.14.3.4 应急处置程序

（1）若人员发生坠落，第一发现人员应立即拨打 120 求救。

（2）若人员发生烫伤事故，第一发现人员应立即拨打 120 求救。

（3）若人员发生中毒事故，第一发现人员应立即采取人工呼吸等措施；如中毒严重，应立即拨打 120 求救。

2.15 三相分离器启运操作

2.15.1 三相分离器启运操作规程记忆歌诀

2.15.1.1 三相分离器启运前准备工作记忆歌诀

进阀出阀①安全阀，浮漂连杆各螺丝②。

压力③温度变送器，压力液位温度值④。

关闭排污进出口⑤，信号连接好调试。

冬季伴热早三十⑥，首次运行清水试。

加药系统调正常，准备工作须扎实。

注释：①进阀出阀——指检查油气进口阀和出油阀；②浮漂连杆各螺丝：浮漂连杆——指浮漂、连杆和平衡锤等浮漂连杆机构；各螺丝——指三相分离器各连接部位连接螺丝；③压力——指压力变送器；④压力液位温度值：压力——指压力表；液位——指液位计；温度值——指温度计及其指示值；⑤排污进出口：排污——指关闭排污阀；进出口——指关闭油气进口阀和油出口阀；⑥冬季伴热早三十——指冬季伴热提前半小时循环，其他季节也要提前循环，只不过时间可短些。

2.15.1.2 三相分离器启运操作记忆歌诀

缓慢打开进口阀，压力液位范围里①。

压力下限开气出②，憋压跑油③调压力。

液位一半④开出水⑤，输油阀开降罐里⑥。

液位压力⑦逐加量⑧，加药调整按比例。

运行正常⑨测油水⑩，启运工作须仔细。

注释：①压力液位范围里——指观察压力液位在正常范围；②压力下限开气出——指分离器压力达到正常运行下限时打开气出口阀调节分离器压力；③憋压跑油——指及时调节分离器压力，防止产生憋压安全阀动作跑油；④液位一半——指分离器液位上升到 1/2 处；⑤开出水——指打开出水阀向缓冲罐进水；⑥输油阀开降罐里——指打开输油阀门向沉降罐输油；⑦液位压力——指控制三相分离器液位压力正常；⑧逐加量——指在分离器液位压力正常的情况下逐渐加大处理量至正常处理量；⑨运行正常——指确认分离器各项运行指标均正常；⑩测油水——指确认分离器各项运行指标均正常后检测分离后的油中含水和水中含油。

2.15.1.3 三相分离器运行中检查操作记忆歌诀

浮漂连杆机构好①，调整压力正常②了。

冬季进液温度高③，高于凝点五八④好。

伴热保温循环好，压力液位保温好⑤。

气通⑥伴热循环好⑦，运行检查即完了。

注释：①浮漂连杆机构好——指浮漂、连杆和平衡锤等浮漂连杆机构完好正常；②调整压力正常——指按时检查调整，使分离器压力保持正常；③冬季进液温度高——指冬季进液温度要高于其他季节；④高于凝点五八——指冬季进液温度要求高于凝固点 5 ~ 8℃；⑤压力液位保温好——指压力表、液位计和保温系统均完好；⑥气通——指天然气管线通畅；⑦伴热循环好——指伴热水循环良好。

2.15.2 三相分离器启运操作规程安全提示歌诀

伴热提前通加药，压力下限液半调。

运行正常测油水，冬季凝点五八高。

2.15.3 三相分离器启运操作规程

2.15.3.1 三相分离器启运操作流程

其操作流程示意图如图 2.7 所示。

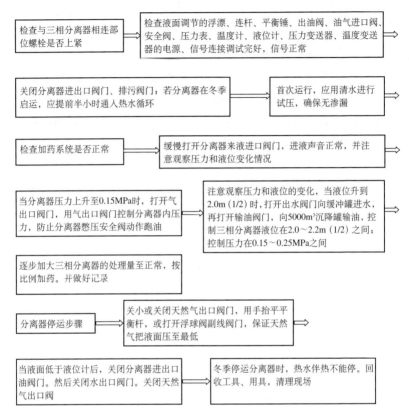

图 2.7 三相分离器启运操作流程示意图

2.15.3.2 风险提示

（1）操作人员、监护人员是否人数符合要求，是否持有上岗证，是否需要监护。查看设备周围是否宽敞，是否有其他物品摆放。

（2）对设备流程进行检查，是否有异常并及时处理；物料、劳保用品是否准备齐全、符合要求。

（3）泄漏：启停泵与相关岗位联系不好或流程倒错，造成系统压力突然升高，易发生管线、安全阀动作或法兰泄漏事故。

（4）触电：停送电操作、检查、接地不良或电线裸露，易发生触电事故。

（5）机械伤害：劳动保护穿戴不符合要求，操作时站位不正确，工具滑脱，易发生工具伤人、人员滑倒碰伤等事故。

（6）高处坠落：上下罐梯手没有握住扶手或在罐上滑倒坠落，易造成人员高处坠落伤害事故。

2.15.3.3 三相分离器启运操作规程表

具体操作顺序、项目、内容等详见表2.15。

表 2.15 三相分离器启运操作规程表

操作顺序	操作项目、内容、方法及要求	技术要求	存在风险	风险控制措施	应用辅助工具用具
1	启运前的准备				
1.1	检查与三相分离器相连部位螺栓是否上紧	紧固螺栓以垫片压平为好	紧固螺栓时，扳手打滑伤人	戴绝缘手套，紧固螺栓时，要拉动扳手	300mm 活扳手、8～32mm 梅花扳手一套
1.2	检查液面调节的浮漂、连杆、平衡锤、出油阀、油气进口阀、安全阀、压力表、温度计、液位计、压力变送器、温度变送器的电源、信号连接调试完好，信号正常	安全阀、压力表量程合理、必须在校检期内	碰伤手、触电	仔细观察；操作电戴绝缘手套，要保持安全距离	F 形扳手、500V 试电笔、绝缘手套
1.3	关闭分离器进出口阀门、排污阀门；打开半热阀门，若分离器在冬季启运，应提前半小时通入热水循环		碰伤	侧身开关阀门	F 形扳手

操作顺序	操作项目、内容、方法及要求	技术要求	存在风险	风险控制措施	应用辅助工具用具
1.4	首次运行,应用清水进行试压,确保无渗漏		滑倒摔伤;丝杠飞出伤人;紧固螺栓时,扳手打滑伤人;触电	上下罐梯脚要踩稳,手要抓住护栏;操作电路系统时,要戴绝缘手套;开关阀门要侧身,防止丝杠飞出伤人;确认流程正确,连接部位无渗漏,室内检测油气浓度,防止着火爆炸;紧固螺栓时,要拉动扳手,防止扳手打滑伤人	F形扳手、500V试电笔、300mm活动扳手、8~32mm梅花扳手一套
1.5	检查加药系统是否正常			仔细检查	
2	启运步骤				
2.1	缓慢打开来液进口阀门,进液声音正常,并注意观察压力和液位变化情况	压力控制在0.15~0.25MPa,液位控制在1/2	丝杠飞出伤人,油气泄露	开阀门要侧身,控制好压力和液位	F形扳手
2.2	当分离器压力上升至0.15MPa时,打开气出口阀门,用气出口阀门控制分离器内压力,防止分离器憋压安全阀动作跑油	安全阀动作压力是0.4MPa	伤人,油气泄露	侧身开阀门,必要时打开火炬放空	F形扳手
2.3	注意观察压力和液位的变化,当液位升到2.0m(1/2)时,打开出水阀门向缓冲罐进水,再打开输油阀门,向5000m³沉降罐输油,控制三相分离器液位在2.0~2.2m(1/2)之间;控制压力在0.15~0.25MPa之间	压力控制在0.15~0.25MPa,液位控制在1/2处	丝杠飞出伤人,冒罐污染环境	侧身开关阀门,控制好液位在正常范围,加强巡检;控制好天然气压力,防止超压造成安全阀起跳,天然气着火爆炸,必要时打开火炬放空	F形扳手

操作顺序	操作项目、内容、方法及要求	技术要求	存在风险	风险控制措施	应用辅助工具用具
2.4	逐步加大三相分离器的处理量至正常,按比例加药,并做好记录			仔细观察	纸、笔
2.5	三相分离器运行正常后,通知化验取样,检测分离后的油中含水和水中含油情况		油气中毒	人站在上风口	取样桶
3	油气水分离器运行中检查				
3.1	液面机构灵活好用,防止浮漂失灵和出油阀卡死,造成跑油和憋压	每两小时活动连杆一次,防止卡死	跑油污染环境	按时巡检	
3.2	按时检查和调整分离器压力,压力控制0.15～0.25MPa之间		压力过高,安全阀动作	按时巡检,压力过高,必要时打开火炬放空	
3.3	冬季分离器运行检查做好以下几点: ①确保进液温度高于凝固点5～8℃; ②伴热保温系统循环畅通; ③压力表、液位计保温良好; ④天然气火炬伴热水循环良好	大于40℃	冻线,影响生产	按时巡检	
3.4	定时录取各种数据,认真做好记录			认真录取	

2.15.3.4 应急处置程序

(1)若人员发生机械伤害,第一发现人员应立即停运致伤设备,现场视伤势情况对受伤人员进行紧急包扎处理;如伤势严重,应立即拨打120求救。

(2)若人员发生触电事故,第一发现人员应立即切断电源,视触电者伤势情况,采取人工呼吸、胸外心脏挤压等方法现场施救;如伤势严重，应立即拨打 120 求救。

2.16　三相分离器停运操作

2.16.1　三相分离器停运操作规程记忆歌诀

进阀出阀①安全阀，压力温度②液位计。

浮漂连杆各螺丝③，压力④温度变送器。

查后关气出口阀⑤，衡杆抬平⑥酌用力。

或开浮球副线阀⑦，气压液位到最低⑧。

液面低于液位计⑨，关闭进出和燃气⑩。

冬季停运伴热通，停运规程须牢记。

注释：①进阀出阀——指检查油气进口阀和出油阀；②压力温度：压力——指压力表；温度——指温度计；③浮漂连杆各螺丝：浮漂连杆——指浮漂、连杆和平衡锤等浮漂连杆机构；各螺丝——指三相分离器各连接部位连接螺丝；④压力——指压力变送器；⑤查后关气出口阀——指确认各项检查均正常后，关小或关闭天然气出口阀；⑥衡杆抬平——指用手抬平平衡杆；⑦或开浮球副线阀——指或者打开浮球阀副线阀门；⑧气压液位到最低——指保证天然气把分离器液位压到最低；⑨液面低于液位计——指确认分离器液面低于液位计；⑩关闭进出和燃气——指关闭分离器油气进口阀、出油阀和天然气出口阀。

2.16.2　三相分离器停运操作规程安全提示歌诀

检查正常关气阀，抬平连杆压液位。

气压液位到最低，冬季停运伴热陪。

2.16.3　三相分离器停运操作规程

2.16.3.1　三相分离器停运操作流程
其操作流程示意图如图 2.8 所示。

图 2.8　三相分离器停运操作流程示意图

2.16.3.2　风险提示

（1）操作人员、监护人员是否人数符合要求，是否持有上岗证，是否需要监护。查看设备周围是否宽敞，是否有其他物品摆放。

（2）对设备流程进行检查，是否有异常并及时处理；物料、劳保用品是否准备齐全、符合要求。

（3）泄漏：启停泵与相关岗位联系不好或流程倒错，造成系统压力突然升高，易发生管线、安全阀动作或法兰泄漏事故。

（4）触电：停送电操作、检查、接地不良或电线裸露，易发生触电事故。

（5）机械伤害：劳动保护装备穿戴不符合要求，操作时站位不正确，工具滑脱，易发生工具伤人、人员滑倒碰伤等事故。

（6）高处坠落：上下罐梯手没有握住扶手，或在罐上滑倒坠落，易造成人员高处坠落伤害事故。

2.16.3.3　三相分离器停运操作规程表

具体操作顺序、项目、内容等详见表 2.16。

表 2.16　三相分离器停运操作规程表

操作顺序	操作项目、内容、方法及要求	技术要求	存在风险	风险控制措施	应用辅助工具用具
1	停运前的准备				
1.1	检查与三相分离器相连部位螺栓是否上紧	紧固螺栓以垫片压平为好	紧固螺栓时，扳手打滑伤人	戴绝缘手套，紧固螺栓时，要拉动扳手	300mm活扳手、8～32mm梅花扳手一套

操作顺序	操作项目、内容、方法及要求	技术要求	存在风险	风险控制措施	应用辅助工具用具
1.2	检查液面调节的浮漂、连杆、平衡锤、出油阀、油气进口阀、安全阀、压力表、温度计、液位计、压力变送器、温度变送器的电源、信号连接完好,且信号正常	安全阀、压力表量程合理,必须在校检期内	碰伤手,触电	仔细观察;操作电戴绝缘手套,要保持安全距离	F形扳手、500V试电笔、绝缘手套
1.3	检查加药系统是否正常			仔细检查	
2	分离器停运步骤				
2.1	关小或关闭天然气出口阀门,用手抬平平衡杆,或打开浮球阀副线阀门,保证天然气把液面压至最低		碰伤或划伤手	侧身开关阀门,戴绝缘手套	F形扳手
2.2	当液面低于液位计后,关闭分离器进出口油阀门;然后关闭水出口阀门;关闭天然气出口阀		碰伤或划伤手	侧身开关阀门,戴绝缘手套	F形扳手
2.3	冬季停运分离器时,热水伴热不能停		凝线	按时巡检	
3	回收工具、用具,清理现场				

2.16.3.4 应急处置程序

(1) 若人员发生机械伤害,第一发现人员应立即停运致伤设备,现场视伤势情况对受伤人员进行紧急包扎处理;如伤势严重,应立即拨打120求救。

(2) 若人员发生触电事故,第一发现人应立即切断电源,视触电者伤势情况,采取人工呼吸、胸外心脏挤压等方法现场施救;如伤势严重,应立即拨打120求救。

2.17 清理过滤缸操作

2.17.1 清理过滤缸操作规程记忆歌诀

交通阀倒进出关①，盲盖取前对拆栓②。

刮清法兰和水线③，取出滤网清洗完。

网损须换同目数④，缸底杂质要清干。

分析杂质及来源⑤，制作垫片涂两面⑥。

安装滤网方向正⑦，垫片正置盲盖安⑧。

放正盲盖对称紧，进阀开前排污关⑨。

排气放空再试压，收工清场⑩规程严。

注释：①交通阀倒进出关——指先倒交通改通流程后再关过滤缸进出口阀；②盲盖取前对拆栓——指先对称拆卸盲盖固定螺栓再取下盲盖；③刮清法兰和水线——指用刮刀清理干净法兰平面和水线槽；④网损须换同目数——指若滤网损坏时应更换与原来滤网目数相同的新滤网；⑤分析杂质及来源——指分析清楚杂质的成分、成因及来源；⑥涂两面——指将制作好的法兰垫两面均匀涂一层黄油；⑦安装滤网方向正——指安装滤网的方向不能反，否则不但起不到过滤作用，且还会损坏滤网；⑧垫片正置盲盖安——指先放正两面涂好黄油的垫片再对正安好盲盖；⑨进阀开前排污关——指先关闭排污阀再开进口阀；⑩收工清场——指收回工具、用具，清理现场。

2.17.2 清理过滤缸操作规程安全提示歌诀

切换流程倒交通，缸底杂质要清完。

安装滤网方向正，分析杂质及来源。

2.17.3 清理过滤缸操作规程

2.17.3.1 清理过滤缸操作流程

其操作流程示意图如图 2.9 所示。

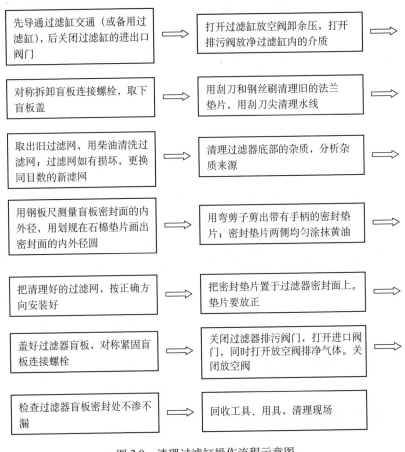

图 2.9 清理过滤缸操作流程示意图

2.17.3.2 操作风险提示

（1）操作人员、监护人员是否人数符合要求，是否持有上岗证，是否需要监护。查看周围是否宽敞，是否有其他物品摆放。

（2）对设备流程进行检查，是否有异常并及时处理；物料、劳保用品是否准备齐全、符合要求。

（3）泄漏：流程倒错，造成系统压力突然升高，易发生管线或法兰泄漏事故。旧垫片没有清理干净或新垫片没有放正，盲板紧固螺栓没有对称紧固，试压时造成泄露。

（4）着火：用柴油清洗过滤网时，附近有明火或静电产生火花着火。

（5）机械伤害：搬运盲板盖，手没有握牢掉下砸脚；操作时站位不正确，工具滑脱，易发生工具伤人、人员滑倒碰伤等事故。

2.17.3.3 清理过滤缸操作规程表

具体操作顺序、项目、内容等详见表2.17。

表2.17 清理过滤缸操作规程表

操作顺序	操作项目、内容、方法及要求	技术要求	存在风险	风险控制措施	应用辅助工具用具
1	倒流程				
1.1	先导通过滤缸交通（或备用过滤缸），后关闭过滤缸的进出口阀门		碰伤手，丝杠飞出伤人	戴绝缘手套，开关阀门侧身	绝缘手套、F形扳手
2	拆卸盲盖，清理垫片				
2.1	对称拆卸盲板连接螺栓，取下盲板盖	盲板的密封面朝上放置	碰伤手或伤人	使用扳手拆卸螺栓时，要拉动扳手，防止扳手滑脱伤人	300mm活动扳手、19～22mm、22～24mm、24～27mm、27～32mm梅花扳各一把，150mm橇杠
2.2	用刮刀和钢丝刷清理旧的法兰垫片，用刮刀尖清理水线	要露出水线	碰伤手	戴绝缘手套	刮刀、钢丝刷
3	清洗更换过滤网				
3.1	取出旧过滤网，用柴油清洗过滤网；过滤网如有损坏，更换同目数的新滤网			仔细观察	柴油5kg、清洗槽、棉纱若干

操作顺序	操作项目、内容、方法及要求	技术要求	存在风险	风险控制措施	应用辅助工具用具
3.2	清理过滤器底部的杂质，分析杂质来源			仔细观察	
4	制作垫片				
4.1	用钢板尺测量盲板密封面的内外径，用划规在石棉垫片画出密封面的内外径圆，用弯剪子剪出带有手柄的密封垫片	使用划规要顺时针画圆，垫片内外径尺寸应在±3mm	碰伤手		划规、1000mm钢板尺、250mm弯剪子
4.2	密封垫片两侧均匀涂抹黄油				润滑脂若干
5	安装过滤器				
5.1	把清理后的过滤网，按正确方向安好		碰伤手	戴绝缘手套	绝缘手套
5.2	把密封垫片置于过滤器密封面上；垫片要放正				
5.3	盖好过滤器盲板，对称紧固盲板连接螺栓	紧固螺栓时，以垫片压平为好	碰伤手	使用扳手紧固螺栓时，要拉动扳手，防止扳手滑脱伤人。	300mm活动扳手、19～22mm、22～24mm、24～27mm、27～32mm梅花扳手各一把
6	试运检查				
6.1	关闭过滤器排污阀门，打开进口阀门，同时打开放空阀排气		碰伤手，丝杠飞出伤人	戴绝缘手套，开关阀门侧身	绝缘手套、F形扳手
6.2	检查过滤器盲板密封处不渗、不漏			仔细观察	
6.3	回收工具、用具，清理现场				

2.17.3.4　应急处置程序

（1）若人员发生机械伤害，第一发现人员应立即停运致伤设备，现场视伤势情况对受伤人员进行紧急包扎处理；如伤势严重，应立即拨打120求救。

（2）若人员发生触电事故，第一发现人员应立即切断电源，视触电者伤势情况，采取人工呼吸、胸外心脏挤压等方法现场施救；如伤势严重，应立即拨打120求救。

2.18　油罐进油操作

2.18.1　油罐进油操作规程记忆歌诀

仔细检查项目多，检查流程告邻里①。

进阀出阀呼吸阀，人孔灌顶和罐壁。

消防栓井避雷针，浮标泡沫发生器。

缓开进油声音正②，进油液，人控须③。

法兰阀门和人孔，仔细检查再一次。

必须确认无渗漏，检查浮标④开虹吸⑤。

进油高度到预期⑥，流程正常出阀启⑦。

量油尺寸浮标同⑧，进油操作至此毕。

注释：①告邻里——指联系告知相关联的污水岗、锅炉岗等岗位准备进油；②缓开进油声音正——指在阀室缓慢打开油罐进油阀，确认进油声音正常；③进油液，人控须——指进油过程中专人监控油罐液位；④检查浮标——指检查并确认浮标灵活好用；⑤开虹吸——指打开虹吸阀门；⑥进油高度到预期——指油罐液位到达预进油高度；⑦流程正常出阀启——指油罐液位到达预进油高度并确认流程正常，开启油罐出油阀；⑧量油尺寸浮标同——指上灌量油，确认量油尺寸与浮标指示尺寸一致。

2.18.2 油罐进油操作规程安全提示歌诀

缓开进油控液位，预进高度出油启。

检查浮标开虹吸，液位尺寸浮标记。

2.18.3 油罐进油操作规程

2.18.3.1 油罐进油操作流程

其操作流程示意图如图 2.10 所示。

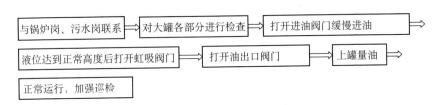

图 2.10 油罐进油操作流程示意图

2.18.3.2 风险提示

（1）操作人员、监护人员是否人数符合要求，是否持有上岗证，是否需要监护。查看油罐周围是否宽敞，是否有其他物品摆放。

（2）对流程进行检查，是否有异常并及时处理；物料、劳保用品是否准备齐全、符合要求。

（3）罐壁腐蚀渗漏，阀门法兰、人孔、管线焊口处发生渗漏。

（4）液位计失灵或人员监控不到位导致冒罐。

（5）倒错进油流程，造成系统憋压导致跑油事故。

（6）在上扶梯时或进行高空操作时发生坠落事故；量油时易发生气体中毒事故。

（7）罐内液位过高，油气蒸发量大、遇明火或避雷设备损坏雷击会造成着火、爆炸。

2.18.3.3 油罐进油操作规程表

具体操作顺序、项目及内容等详见表 2.18。

表2.18 油罐进油操作规程表

操作顺序	操作项目、内容、方法及要求	技术要求	存在风险	风险控制措施	应用辅助工具用具
1	操作前的准备工作				
1.1	操作人员准备		油气火灾、爆炸,人身伤害	穿戴防静电劳动保护用品	
1.2	物料准备	应急物资、工具齐全			
1.3	检查工艺流程	工艺连接正确,各处法兰连接完好	溢流、憋压	仔细检查	
2	与污水岗、锅炉岗联系准备进油				
3	检查进出口阀门	阀门灵活好用、排污阀处于关闭状态			
4	检查罐壁、罐顶、人孔	罐壁、罐顶完好、人孔密封完好	坠落	系安全带	安全带
5	检查呼吸阀、泡沫发生器、消防阀井、避雷针	完好	坠落	系安全带	安全带
6	检查大罐浮标	灵活好用			
7	在阀室缓慢打开油罐进口阀门		碰伤、扭伤	观察好周围环境	阀门扳手
8	进油声音正常后开大进油阀门		碰伤、扭伤	观察好周围环境	阀门扳手
9	进油过程中,专人监控油罐液位	控制在规定液位,防止冒罐			
10	检查与油罐相连的法兰、人孔、阀门	无渗漏			
11	打开虹吸阀门		碰伤、扭伤	观察好周围环境	阀门扳手
12	观察浮标,到达预进油高度后,打开油出口阀门	可以根据不同的储罐合理的确定液位高度,此罐液位为8.8m	碰伤、扭伤	观察好周围环境	阀门扳手
13	检查各流程是否运行正常				
14	上罐量油,确定与浮标对比是否一样		坠落	系安全带	安全带

2.18.3.4 应急处置程序

（1）发生渗漏时，立即停止进油操作，倒流程将罐内液体抽出，此罐停止使用，如冒罐，立即停止进油操作，倒流程抽油将液位降到安全高度，采用人工量油方式确定液位高度。

（2）若有人员受伤，应参照《现场应急救护常识》进行现场救治后将伤者送往医院救治。

（3）着火时，应停止操作，报火警，汇报队值班干部及厂调度，配合消防队灭火。

2.19 油罐倒罐操作

2.19.1 油罐倒罐操作规程记忆歌诀

2.19.1.1 倒罐前准备工作记忆歌诀

仔细检查待投罐，流程正确各法兰[①]。

安全保护设施好，人孔封严[②]量油孔。

打开采暖循环通，罐内原油表层看[③]。

表层凝固汽加热[④]，停罐升油水界面[⑤]。

罐油尽量抽出去[⑥]，准备工作才算完。

注释：①各法兰——指各法兰连接牢靠密封良好；②人孔封严量油孔——指量油孔和人孔要封严；③罐内原油看表层——指当罐内原油表层凝固时，不准向罐内进油或向外输油；④表层凝固汽加热——指应采取用蒸汽从上到下对原油直接加热，待原油大部分熔化后，方可进行进油作业；⑤停罐升油水界面——指将准备停运罐的油水界面提升到罐出口高度；⑥罐油尽量抽出去——指尽量将该罐原油抽出。

2.19.1.2 倒罐操作记忆歌诀

缓开进油[①]待投罐，声音正常开进阀[②]。

停罐关闭进口阀，进油过程随时查。

基础牢固无渗漏[③]，尤其法兰人孔阀[④]。

注释：①缓开进油——指缓慢打开待投罐的进油阀门；②声音正常开进阀——指听到并确认进油声音正常后将进油阀门全部打开；③基础牢固无渗漏——指基础和罐体各个部位无渗漏；④尤其法兰人孔阀——指特别是人孔阀门和法兰不能有渗漏。

2.19.1.3　倒罐后输油操作记忆歌诀

输前底水查高度①，防止底水进系统②。

全开输阀③启输泵④，运行液位⑤防抽空。

注释：①输前底水查高度——指输油前一定要检查核准底水高度；②防止底水进系统——指预防底水过高超过油罐出口高度时，把大量的水抽进输油管线，影响输油系统含水的稳定性；③全开输阀——指全部打开输油阀；④启输泵——指启动输油泵；⑤运行液位——指在输油泵运行中随时检查控制油罐液位，预防抽空。

2.19.2　油罐倒罐操作规程安全提示歌诀

进前原油看表层，表层凝固加热汽。

进油过程随时查，液位抽空须注意。

2.19.3　油罐倒罐操作规程

2.19.3.1　油罐倒罐操作流程

（1）倒罐前准备（图2.11）。

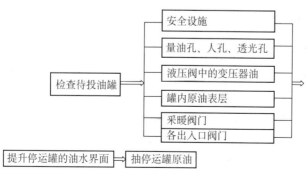

图 2.11　倒罐前准备流程示意图

（2）倒罐操作（图 2.12）。

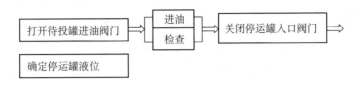

图 2.12　倒罐操作流程示意图

（3）输油操作（图 2.13）。

图 2.13　输油操作流程示意图

2.19.3.2　风险提示

（1）操作人员、监护人员是否人数符合要求，是否持有上岗证，是否需要监护。查看油罐周围是否宽敞，是否有其他物品摆放。

（2）对流程进行检查，是否有异常并及时处理；物料、劳保用品是否准备齐全、符合要求。

（3）泄漏：启停泵与相关岗位联系不好或流程倒错，造成系统压力突然升高，易发生管线或法兰泄漏事故。

（4）触电：停送电操作、检查、接地不良或电线裸露、易发生触电事故。

（5）机械伤害：劳动保护穿戴不符合要求，头发、衣角卷入旋转部位，易造成人员伤害事故，操作时站位不正确，工具滑脱，易发生工具伤人、人员滑倒碰伤等事故。

（6）人员高空坠落：防护栏缺失、罐顶滑、操作人员未按要求着劳保鞋、操作人员生理或心理不适合高空作业等原因易造成高空坠落。

（7）设备损坏：固定螺栓松动造成机泵震动过大，机泵运行不平稳；机泵不同心，轴承缺油，易发生轴承损坏，烧电机事故。

（8）油罐抽瘪：密闭油罐安全阀堵塞易造成油罐抽瘪。

（9）环境污染：罐液位超安全液位冒罐易造成环境污染。

2.19.3.3 油罐倒罐操作规程表

具体操作顺序、项目、内容等详见表2.19。

表2.19 油罐倒罐操作规程表

操作顺序	操作项目、内容、方法及要求	技术要求	存在风险	风险控制措施	应用辅助工具用具
1	倒罐前准备工作				
1.1	操作人员准备：穿戴好防静电劳保用品，持《压力容器操作证》	两人操作	油气火灾、爆炸、人身伤害	穿戴防静电劳动保护用品	
1.2	物料准备：灭火器、消防带	应急物资、工具齐全			
1.3	检查工艺流程	工艺连接正确，各处法兰连接完好；	溢流、憋压	检查	
1.4	检查待投油罐各安全保护设施	灵活好用	高空坠落	罐上行走走防滑梯，恶劣天气不上罐	
1.5	检查量油孔、人孔、透光孔	封闭严密	油气中毒	各检查孔开度不得过大	
1.6	检查待投油罐液压阀中的变压器油	变压器油的高度保持在1/3处，应无积水	高空坠落	罐上行走走防滑梯，恶劣天气不上罐	扳手
1.7	检查待投罐各阀门	灵活好用	介质泄露、憋压	按照标准检查。	600mm管钳子
1.8	打开待投罐采暖阀门，并检查是否正常	循环通畅，水温正常	油温过低	检查确认	600mm管钳子

操作顺序	操作项目、内容、方法及要求	技术要求	存在风险	风险控制措施	应用辅助工具用具
1.9	检查待投罐内原油表层	当待投罐内原油表层凝固时，不准向罐内进油或向外输油，应采取临时加热措施，用蒸汽从上到下对原油直接加热，待原油大部分熔化后，方可进行进油作业	油罐损坏	检查确认	绝缘手套
1.10	将准备停运罐的油水界面提升到罐出口高度，尽量将该罐原油抽出				
2	倒罐操作				
2.1	打开待投罐进油阀门，倾听进油声音是否正常；正常后打开进油阀门，油罐转入正常进油运行	缓慢打开	碰伤	按照标准检查	绝缘手套
2.2	进油	进油过程中，随时观察液位上升速度，进油高度不得超过油罐的安全高度	冒罐	勤检查	
2.2	根据生产情况，关闭停运罐入口阀门，然后再根据需要，确定停运罐内的液位	缓慢关闭	碰伤	按照标准检查	绝缘手套
2.3	在整个进油过程中，要随时检查与油罐连接的所有法兰、人孔、阀门等有无渗漏，基础设施有无异常情况		介质泄露	按照标准检查	250mm 活动扳手

操作顺序	操作项目、内容、方法及要求	技术要求	存在风险	风险控制措施	应用辅助工具用具
3	输油				
3.1	油罐输油前检查油罐底水高度，防止底水进入外输系统	低于油罐出口	造成外输含水超标	检查确认、抽底水	绝缘手套
3.2	开油罐输油阀门	全开			
3.3	启动输油泵	在启动输油泵前，	设备损坏、油罐抽瘪	每步确认	绝缘手套
3.4	运行输油泵	运行过程随时注意液位变化，防止油罐抽空			
3.5	按时巡检	发现问题及时处理并汇报			扳手、绝缘手套

2.19.3.4 应急处置程序

（1）若人员发生油气中毒事故，应立即撤出罐顶人孔处呼吸新鲜空气，并拨打 120 求救。

（2）若人员发生人员伤害，第一发现人员应立即停运致伤设备，现场视伤势情况对受伤人员进行紧急处理，碰伤立即进行紧急包扎处理；如伤势严重，应立即拨打 120 求救。

（3）若人员发生高空坠落，第一发现人员应视受伤人员伤势情况对受伤人员进行紧急处理；如伤势严重，应立即拨打 120 求救。

（4）发生冒罐导致环境污染事故，应立即组织人员进行清理，并马上进入应急预案程序。

（5）发生火灾爆炸事故，应立即组织人员进行撤离，并马上进入应急预案程序。

2.20　压力除油器投运操作

2.20.1　压力除油器投运操作规程记忆歌诀

> 工艺流程投前查，法兰连接①安全阀②。
>
> 压力表和排污阀③，流量计和收油阀④。
>
> 打开采暖循环畅，缓开进口⑤旁通阀⑥。
>
> 液位四三⑦掌控好，缓慢打开出口阀。
>
> 压力液位收油阀⑧，一定关闭旁通阀。
>
> 运行压力调节好⑨，各部渗漏仔细查。

　　注释：①法兰连接——指各连接法兰无渗漏；②安全阀——指安全阀有校检合格证书并在校检有效周期内，设定起跳压力符合生产实际需要；③压力表和排污阀：压力表——指压力表有校检合格证书并在校检有效周期内，使用压力在 1/3 ~ 2/3 有效量程范围内；排污阀——指检查确认排污阀灵活好用，投运前关闭；④流量计和收油阀：流量计——指流量计完好灵活正常；收油阀——指收油阀灵活好用；⑤缓开进口——指缓慢打开除油器进口阀；⑥旁通阀——指关小除油器旁通阀；⑦液位四三——指液位到除油器 3/4 处；⑧压力液位收油阀：收油阀——指打开除油器收油阀；压力液位——指根据压力和液位控制好除油器收油阀的开启度；⑨运行压力调节好——指调节控制好压力，压力一般控制在 0.25 ~ 0.3MPa 范围内。

2.20.2　压力除油器投运操作规程安全提示歌诀

> 采暖提前畅循环，液位四三出阀缓。
>
> 关闭旁通开收阀，压力调节不超限。

2.20.3 压力除油器投运操作规程

2.20.3.1 压力除油器投运操作流程

其操作流程示意图如图 2.14 所示。

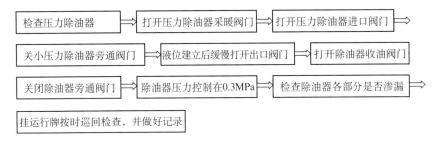

图 2.14　压力除油器投运操作流程示意图

2.20.3.2 风险提示

（1）操作人员、监护人员是否人数符合要求，是否持有上岗证，是否需要监护。查看设备周围是否宽敞，是否有其他物品摆放。

（2）对设备流程进行检查，是否有异常并及时处理；物料、劳保用品是否准备齐全、符合要求。

（3）泄漏：除油器焊缝处渗漏或法兰泄漏事故。

（4）坠落：上除油器上部检查时容易踩空坠落。

（5）设备损坏：除油器内压力过高损坏设备。

2.20.3.3 压力除油器投运操作规程表

具体操作顺序、项目、内容等详见表 2.20。

表 2.20　压力除油器投运操作规程表

操作顺序	操作项目、内容、方法及要求	技术要求	存在风险	风险控制措施	应用辅助工具用具
1	压力除油器投运操作				
1.1	操作人员准备		油气火灾、爆炸、人身伤害	穿戴防静电劳动保护用品	

操作顺序	操作项目、内容、方法及要求	技术要求	存在风险	风险控制措施	应用辅助工具用具
1.2	物料准备	应急物资、工具齐全			
1.3	检查工艺流程	工艺连接正确，各处法兰连接完好	溢流、憋压	仔细检查	
1.4	检查压力除油器		碰伤	观察好周围环境	
1.5	检查除油器安全阀开启压力	开启压力 0.4MPa	碰伤	观察好周围环境	
1.6	检查压力表	量程 0～1.0MPa	碰伤	观察好周围环境	
1.7	检查除油器排污阀	投运前关闭	碰伤	观察好周围环境	
1.8	检查流量计和收油阀	灵活好用	碰伤	观察好周围环境	
2	进液操作		碰伤	观察好周围环境	
2.1	打开采暖阀门	循环正常，无渗漏	碰伤	观察好周围环境	
2.2	打开除油器进口	缓慢打开	碰伤	观察好周围环境	阀门扳手
2.3	关小除油器旁通阀门		碰伤	观察好周围环境	阀门扳手
2.4	液位建立后缓慢打开出口阀门	液位到除油器 3/4 处	碰伤	观察好周围环境	阀门扳手
2.5	打开除油器收油阀门	根据压力和液位控制好除油器收油阀门的开度	碰伤	观察好周围环境	阀门扳手
2.6	关闭除油器旁通阀门		碰伤	观察好周围环境	阀门扳手
3	进行压力调节，控制好压力	压力控制在0.25～0.3MPa	碰伤	观察好周围环境	阀门扳手
4	检查各部分是否渗漏，及时巡检，做好记录				

2.20.3.4　应急处置程序

（1）若有人受伤，立即撤离不安全地点并进行紧急处理；若伤势严重，拨打 120 紧急救助。

（2）若有人跌落，按应急处置程序进行紧急处理。

（3）若发生刺漏时，应立即停止使用。

2.21　压力除油器停运操作

2.21.1　压力除油器停运操作规程记忆歌诀

停前细查各部位，部件完好无渗漏。

打开旁通①关进阀②，关闭收油和出口③。

打开排污放净液④，季节采暖酌停否⑤？

注释：①打开旁通——指打开除油器旁通阀；②关进阀——指关闭除油器进口阀；③关闭收油和出口——指关闭除油器出口阀和收油阀；④打开排污放净液——指打开排污阀排尽除油器内液体；⑤季节采暖酌停否——指根据季节环境温度情况决定是否停止采暖。

2.21.2　压力除油器停运操作规程安全提示歌诀

停前检查不落项，遵守规程开后关。

打开排污放净液，冬季扫线或通暖。

2.21.3　压力除油器停运操作规程

2.21.3.1　压力除油器停运操作流程

其操作流程示意图如图 2.15 所示。

2.21.3.2　风险提示

（1）操作人员、监护人员是否人数符合要求，是否持有上岗证，是否需要监护。查看设备周围是否宽敞，是否有其他物品摆放。

（2）对设备流程进行检查，是否有异常并及时处理；物料、劳保用品是否准备齐全、符合要求。

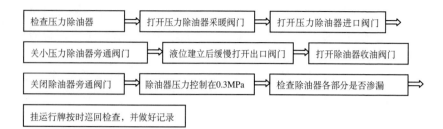

図 2.15　压力除油器停运操作流程示意图

（3）泄漏：除油器焊缝处渗漏或法兰泄漏事故。

（4）坠落：上除油器上部检查时容易踩空坠落。

（5）设备损坏：除油器内压力过高损坏设备

2.21.3.3　压力除油器停运操作规程表

具体操作顺序、项目、内容等详见表 2.21。

表 2.21　压力除油器停运操作规程表

操作顺序	操作项目、内容、方法及要求	技术要求	存在风险	风险控制措施	应用辅助工具用具
1	打开除油器旁通阀们		碰伤	观察好周围环境	阀门扳手
2	关闭除油器进口阀门		碰伤	观察好周围环境	阀门扳手
3	关闭除油器出口阀门和收油阀门		碰伤	观察好周围环境	阀门扳手
4	打开排污阀	排尽除油器内液体	碰伤	观察好周围环境	阀门扳手
5	关闭采暖阀门				

2.21.3.4　应急处置程序

（1）若有人受伤，立即撤离不安全地点并进行紧急处理；若伤势严重，拨打 120 紧急救助。

（2）若有人跌落，按应急处置程序进行紧急处理。

（3）若发生刺漏，应立即停止使用。

2.22 消防泵启泵操作

2.22.1 消防泵启泵操作规程记忆歌诀

2.22.1.1 消防泵启泵前准备工作记忆歌诀

检查流程开出阀①，消防罐检查液位。

各部轴承②联轴器③，压力④电机⑤配电柜⑥。

地脚⑦各部螺丝查⑧，清障⑨启泵做准备；

注释：①开出阀——指打开消防罐出口阀；②各部轴承——指检查确认机泵各轴承润滑合格；③联轴器——指联轴器缓冲垫及连接螺栓完好；④压力——指压力表有校检合格证书并在校检有效周期内，使用压力在 1/3 ~ 2/3 有效量程范围内；⑤电机——指电动机接地牢固、基础牢靠；⑥配电柜——指配电柜各种仪表和接地完好；⑦地脚——指泵的地脚螺丝；⑧各部螺丝查——指检查并确认各部连接螺丝牢固无松动；⑨清障——指清除机泵周围的障碍物和其他杂物。

2.22.1.2 消防泵启泵操作记忆歌诀

盘车自如①开进口②，放尽气体③旁通阀④。

活动出口按按钮⑤，启泵运行出口阀⑥。

压力声音电动机⑦，启泵之后细检查。

盘根漏失⑧调压力，排量调整回流阀⑨。

启后运行牌挂好，罐内液位随时查。

注释：①盘车自如——指手盘动俗称"靠背轮"的联轴器，机泵轴转动自如无阻碍；②开进口——指打开消防泵进口阀；③放尽气体——指打开过滤缸放空阀，放尽气体，直到流出液体为止；④旁通阀——指打开消防泵旁通阀；⑤活动出口按按钮：活动出口——指活动检查并确认出口阀门灵活好用；按按钮——指按启动按钮；⑥启泵运行出口阀——指启泵后缓慢打开泵出口阀；⑦压力声音电动机：

压力——指泵出口压力平稳；声音——指机泵运行声音正常；电动机——指电动机接地牢靠，轴承温度正常不发热；⑧盘根漏失——指密封圈漏失量在 10 ~ 30 滴 / 分范围内；⑨排量调整回流阀——指用回流阀控制好排量和压力。

2.22.2 消防泵启泵操作规程安全提示歌诀

放尽气体开旁通，排量调整回流阀。

启后运行牌挂好，罐内液位随时查。

2.22.3 消防泵启泵操作规程

2.22.3.1 消防泵启泵操作流程

其操作流程示意图如图 2.16 所示。

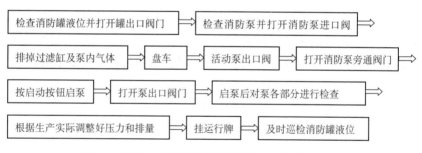

图 2.16 消防泵启泵操作流程示意图

2.22.3.2 风险提示

（1）操作人员、监护人员是否人数符合要求，是否持有上岗证，是否需要监护。查看机泵周围是否宽敞，是否有其他物品摆放。

（2）对设备流程进行检查，是否有异常并及时处理；物料、劳保用品是否准备齐全、符合要求。

（3）泄漏：启停泵流程倒错，造成系统压力突然升高，易发生管线或法兰泄漏事故。

（4）触电：停送电操作、检查、接地不良或电线裸露，易发生触电事故。

（5）机械伤害：劳动保护穿戴不符合要求，头发、衣角卷入旋转部位，易造成人员伤害事故；操作时站位不正确，工具滑脱，易发生工具伤人、人员滑倒碰伤等事故。

（6）设备损坏：固定螺栓松动造成机泵振动过大，机泵运行不平稳；机泵不同心，轴承缺油，易发生轴承损坏、烧电机事故。

2.22.3.3 消防泵启泵操作规程表

具体操作顺序、项目、内容等详见表2.22。

表 2.22 消防泵启泵操作规程表

操作顺序	操作项目、内容、方法及要求	技术要求	存在风险	风险控制措施	应用辅助工具用具
1	消防泵启运				
1.1	操作人员准备		油气火灾、爆炸、人身伤害	穿戴防静电劳动保护用品	
1.2	物料准备	应急物资、工具齐全			
1.3	检查工艺流程	工艺连接正确，各处法兰连接完好	溢流、憋压	仔细检查	
1.4	检查消防罐液位并打开罐出口阀门	液位6～8m	扳手滑落伤人	握紧扳手操作	阀门扳手
2	对消防泵进行检查				
2.1	检查泵周围是否有妨碍物，地脚螺丝是否紧固		碰伤	观察好周围环境	扳手
2.2	检查联轴器和护罩	间隙3～8mm，护罩紧固	碰伤	观察好周围环境	千分尺、扳手
2.3	各部轴承润滑是否充分，各部螺丝有无松动		碰伤	观察好周围环境	扳手
2.4	检查压力指示仪表量	量程0～1.6MPa，表盘与流程平行并上紧，表盘面向操作者	碰伤	观察好周围环境	扳手
2.5	检查地漏	畅通	碰伤	观察好周围环境	

操作顺序	操作项目、内容、方法及要求	技术要求	存在风险	风险控制措施	应用辅助工具用具
2.6	检查电机接线，配电柜及仪表	接地线紧，配电柜完好、仪表指示正确	碰伤	观察好周围环境	
3	打开消防泵进口阀		扳手滑落伤人	握紧扳手操作	阀门扳手
3.1	排掉过滤缸内气体	放尽气体，直到流出液体为止	碰伤	观察好周围环境	
3.2	排掉泵内气体	放尽气体，直到流出液体为止	碰伤	观察好周围环境	扳手
4	盘车	3 至 5 圈	摔倒	站立姿势正确	
5	打开消防泵旁通阀门		扳手滑落伤人	握紧扳手操作	阀门扳手
6	活动泵出口阀	灵活好用	扳手滑落伤人	握紧扳手操作	阀门扳手
7	按启动按钮启泵		触电		绝缘手套
8	打开泵出口阀门		扳手滑落伤人	握紧扳手操作	阀门扳手
9	启泵后对泵各部分进行检查	密封盒漏失 10～30 滴/分、电机、泵声音正常，压力指示平稳			
10	根据生产实际调整好压力和排量	用回流阀门控制			
11	挂运行牌		碰伤	观察好周围环境	绝缘手套
12	及时巡检消防罐液位	液位 6～8m	碰伤	观察好周围环境	绝缘手套

2.22.3.4 应急处置程序

（1）若有人受伤，立即撤离不安全地点并进行紧急处理；若伤势严重，拨打 120 紧急救助。

（2）若有人触电，按触电应急处置程序进行紧急处理。

（3）若发生刺漏，应立即停泵，关闭相关阀门，处理完毕后再启泵。

（4）若机泵启动后有异常，应立即停泵，启备用泵。汇报并立即进行处理。

2.23 消防泵停泵操作

2.23.1 消防泵停泵操作规程记忆歌诀

停前检查不能漏，排量①压力②液位够③。

关小出口④按停止⑤，关闭出口和进口⑥。

断电⑦挂好停运牌⑧，冬季伴热还得有⑨。

注释：①排量——指检查泵排量正常；②压力——指泵压正常；③液位够——指消防罐液位在正常范围内，满足消防泵抽吸需要；④关小出口——指关小消防泵出口阀；⑤按停止——指停止按钮；⑥关闭出口和进口——指关闭消防泵出口阀和进口阀；⑦断电——指切断电源；⑧挂好停运牌——指停运泵要挂上停运牌；⑨冬季伴热还得有——指冬季伴热不能停。

2.23.2 消防泵停泵操作规程安全提示歌诀

压力排量液位查，停泵关闭进出阀。

断电挂好停运牌，冬季伴热不能差。

2.23.3 消防泵停泵操作规程

2.23.3.1 消防泵停泵操作流程

其操作流程示意图如图 2.17 所示。

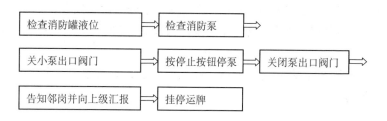

图 2.17　消防泵停泵操作流程示意图

2.23.3.2　风险提示

（1）操作人员、监护人员是否人数符合要求，是否持有上岗证，是否需要监护。查看机泵周围是否宽敞，是否有其他物品摆放。

（2）对设备流程进行检查，是否有异常并及时处理；物料、劳保用品是否准备齐全、符合要求。

（3）泄漏：启停泵流程倒错，造成系统压力突然升高，易发生管线或法兰泄漏事故。

（4）触电：停送电操作、检查、接地不良或电线裸露，易发生触电事故。

（5）机械伤害：劳动保护穿戴不符合要求，头发、衣角卷入旋转部位，易造成人员伤害事故，操作时站位不正确，工具滑脱，易发生工具伤人、人员滑倒碰伤等事故。

（6）设备损坏：固定螺栓松动造成机泵振动过大，机泵运行不平稳；机泵不同心，轴承缺油，易发生轴承损坏、烧电机事故。

2.23.3.3　消防泵停泵操作规程表

具体操作顺序、项目、内容等详见表 2.23。

表 2.23　消防泵停泵操作规程表

操作顺序	操作项目、内容、方法及要求	技术要求	存在风险	风险控制措施	应用辅助工具用具
1	关小泵出口阀门				
2	按停止按钮，关闭泵出口阀门	关闭阀门时要迅速			

续表

操作顺序	操作项目、内容、方法及要求	技术要求	存在风险	风险控制措施	应用辅助工具用具
3	关闭泵进口阀门		碰伤	观察好周围环境	
4	切断电源，挂停运牌				

2.23.3.4　应急处置程序

（1）若有人受伤，立即撤离不安全地点并进行紧急处理；若伤势严重，拨打120紧急救助。

（2）若有人触电，按触电应急处置程序进行紧急处理。

（3）若发生刺漏，立即停泵，关闭相关阀门，处理完毕后再启泵。

（4）若机泵启动后有异常，应立即停泵，启备用泵；汇报并立即进行处理。

2.24　消防泵倒泵操作

2.24.1　消防泵倒泵操作规程记忆歌诀

遵规检查备用泵，关小预停泵出阀①。

守规开启备用泵，预停泵停闭出阀②。

压力排量停前调③，运行④停运⑤两牌挂。

注释：①关小预停泵出阀——指首先关小预停泵的出口阀；②预停泵停闭出阀——指先停预停泵再关闭其出口阀；③压力排量停前调——指停泵前适时调小压力和排量；④运行——指运行牌；⑤停运——指停运牌。

2.24.2　消防泵倒泵操作规程安全提示歌诀

遵守规程启停泵，检查项目不能落。

压力排量提前调，运行停运两牌挂。

2.24.3 消防泵倒泵操作规程

2.24.3.1 消防泵倒泵操作流程

其操作流程示意图如图 2.18 所示。

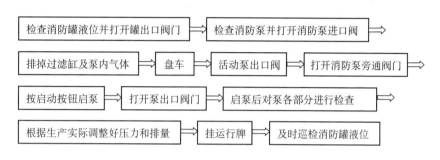

图 2.18 消防泵倒泵操作流程示意图

2.24.3.2 风险提示

（1）操作人员、监护人员是否人数符合要求，是否持有上岗证，是否需要监护。查看机泵周围是否宽敞，是否有其他物品摆放。

（2）对设备流程进行检查，是否有异常并及时处理；物料、劳保用品是否准备齐全、符合要求。

（3）泄漏：启停泵流程倒错，造成系统压力突然升高，易发生管线或法兰泄漏事故。

（4）触电：停送电操作、检查、接地不良或电线裸露，易发生触电事故。

（5）机械伤害：劳动保护穿戴不符合要求，头发、衣角卷入旋转部位，易造成人员伤害事故；操作时站位不正确，工具滑脱，易发生工具伤人、人员滑倒碰伤等事故。

（6）设备损坏：固定螺栓松动造成机泵振动过大，机泵运行不平稳；机泵不同心，轴承缺油，易发生轴承损坏、烧电机事故。

2.24.3.3 消防泵倒泵操作规程表

具体操作顺序、项目、内容等详见表 2.24。

表 2.24　消防泵倒泵操作规程表

操作顺序	操作项目、内容、方法及要求	技术要求	存在风险	风险控制措施	应用辅助工具用具
1	检查备用泵	备用泵符合起运条件			
2	关小预停泵出口阀门		碰伤	观察好周围环境	
3	启用备用泵		碰伤	观察好周围环境	
4	停运预停泵		碰伤	观察好周围环境	
5	根据实际调整好运行参数		碰伤	观察好周围环境	

2.24.3.4　应急处置程序

（1）若有人受伤，立即撤离不安全地点并进行紧急处理；若伤势严重，拨打 120 紧急救助。

（2）若有人触电，按触电应急处置程序进行紧急处理。

（3）若发生刺漏，应立即停泵，关闭相关阀门，处理完毕后再启泵。

（4）若机泵启动后有异常，应立即停泵，启备用泵；汇报并立即进行处理。

2.25　加药装置操作

2.25.1　加药装置操作规程记忆歌诀

工艺流程查正好，法兰密封压力表[1]。

药品选择须合适[2]，阀门灵活准备好。

罐内加入稀释液[3]，开放空罐再加药[4]。

准备启动计量泵，放空阀闭再拌搅[5]。

调好排量计量泵，运行之中检查好。

压力液位和排量[6]，若要加药泵停好，

泵与装置进出阀[7]，关闭[8]断电[9]记录好[10]。

注释：①法兰密封压力表：法兰密封——指各部法兰密封无渗漏；压力表——指压力表有校检合格证书并在校检有效周期内，使用压力在 1/3 ～ 2/3 有效量程范围内；②药品选择须合适——指药品选择要适合生产工艺需要；③罐内加入稀释液——指将药品稀释液提前加入搅拌罐；④开放空罐再加药——指先打开放空阀放净气体再向罐内加入药品；⑤放空阀闭再拌搅——指先关闭放空阀再启动搅拌装置进行充分搅拌；⑥压力液位和排量——指加药装置运行中随时检查压力液位和排量；⑦泵与装置进出阀——指停运加药装置要分别关闭泵和装置的进口阀和出口阀；⑧关闭——指分别关闭泵和装置的进口阀和出口阀；⑨断电——指切断电源；⑩记录好——指相关记录要记录清楚。

2.25.2　加药装置操作规程安全提示歌诀

加稀释液再加药，充分搅拌把泵启。

液位排量压力查，进出阀停运关闭。

2.25.3　加药装置操作规程

2.25.3.1　加药装置操作流程

其操作流程示意图如图 2.19 所示。

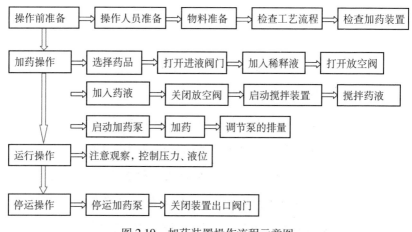

图 2.19　加药装置操作流程示意图

2.25.3.2 风险提示

（1）操作人员、监护人员是否人数符合要求，是否持有上岗证，是否需要监护。查看机泵周围是否宽敞，是否有其他物品摆放。

（2）对设备流程进行检查，是否有异常并及时处理；物料、劳保用品是否准备齐全、符合要求。

（3）泄漏：启停泵流程倒错，造成系统压力突然升高，易发生管线或法兰泄漏事故。

（4）触电：停送电操作、检查、接地不良或电线裸露，易发生触电事故。

（5）机械伤害：劳动保护穿戴不符合要求，头发、衣角卷入旋转部位，易造成人员伤害事故；操作时站位不正确，工具滑脱，易发生工具伤人、人员滑倒碰伤等事故。

（6）设备损坏：固定螺栓松动造成机泵振动过大，机泵运行不平稳；机泵不同心，轴承缺油，易发生轴承损坏、烧电机事故。

（7）冒罐：操作不当易导致加药罐冒罐。

2.25.3.3 加药装置操作规程表

具体操作顺序、项目、内容等详见表2.25。

表2.25 加药装置操作规程表

操作顺序	操作项目、内容、方法及要求	技术要求	存在风险	风险控制措施	应用辅助工具用具
1	操作前准备				
1.1	操作人员准备：穿戴好防静电劳保用品	两人操作			
1.2	物料准备：工具、灭火器、消防带	应急物资、工具齐全			
1.3	检查工艺流程	工艺连接正确，各处法兰连接完好	溢流、憋压	检查	
1.4	检查加药装置	压力表规格是否符合使用标准，所用阀门是否灵活好用	碰伤	按照标准检查	250mm活动扳手

操作顺序	操作项目、内容、方法及要求	技术要求	存在风险	风险控制措施	应用辅助工具用具
2	加药操作				
2.1	根据生产要求选择药品（破乳剂、缓蚀剂、缓蚀阻垢剂等）。		药品泄漏，人身伤害	按照标准穿戴防护用品	防护服、绝缘手套
2.2	将加药灌内加入适量的稀释液		碰伤	仔细观察	绝缘手套
2.3	打开放空阀，将药液加入加药罐	稳拿加药桶，平稳、均匀地加入药液	药品泄漏，人身伤害	按照标准穿戴防护用品	防护服、绝缘手套
2.4	关闭放空阀，启动搅拌装置	搅拌 15～20 分钟，使药液混合均匀	碰伤	仔细观察	绝缘手套
2.5	按计量泵操作规程，启动计量泵加药		碰伤，触电	仔细观察	绝缘手套
2.6	按照生产要求的加药量，调节计量泵的排量		碰伤	仔细观察	绝缘手套
3	运行操作				
3.1	注意观察，控制压力、液位，调节排量	根据生产需要			
4	停运操作				
4.1	停运加药泵，关闭泵进出口阀门				
4.2	关闭装置出口阀门				

2.25.3.4 应急处置程序

（1）若人员发生机械伤害，第一发现人员应立即停运致伤设备，现场视伤势情况对受伤人员进行紧急包扎处理；如伤势严重，应立即拨打 120 求救。

（2）若人员发生触电事故，第一发现人员应立即切断电源，视触电者伤势情况，采取人工呼吸、胸外心脏挤压等方法现场施救；如伤势严重，应立即拨打 120 求救。

（3）发生冒罐导致环境污染事故时，应立即组织人员进行清理，并马上进入应急预案程序。

（4）发生火灾爆炸事故时，应立即组织人员进行撤离，并马上进入应急预案程序。

2.26 取油、水样操作

2.26.1 取油、水样操作规程记忆歌诀

2.26.1.1 取油样操作记忆歌诀

持证上岗备样桶，灭火器材要备齐。

缓开阀门①上风站，放出死油入桶里。

五分间隔②要足够，三次取③四分之一④。

注释：①缓开阀门——指侧身站在上风头方位（避免油品中含有硫化氢气体发生中毒）缓慢打开取样阀；②五分间隔——指每次取样间隔 5 分钟；③三次取——指每次取样要分三次取；④四分之一——每一次取样桶体积的 1/4，三次共取样桶体积的 3/4。

2.26.1.2 取水样操作记忆歌诀

持证上岗样瓶备，灭火器材要准备。

取前冲洗三五次①，慢开阀水样取水。

盖紧瓶盖防蒸发②，分解氧化③要防备。

注释：①冲洗三五次——指用欲取水样的水提前对取样瓶冲洗 3 至 5 次；②防蒸发——指防止水样蒸发散失；③分解氧化——指水样若不盖紧盖，受热会分解，遇空气会发生氧化。

2.26.2 取油、水样操作规程安全提示歌诀

持证上岗备瓶桶，灭火器材要备齐。

油样三次一四一，水样三五次冲洗。

2.26.3 取油、水样操作规程

2.26.3.1 取样操作流程

其操作流程示意图如图 2.20 所示。

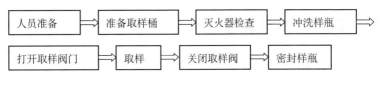

图 2.20 取样操作流程示意图

2.26.3.2 风险提示

（1）操作人员、监护人员是否人数符合要求，是否持有上岗证，是否需要监护。查看周围是否宽敞，是否有其他物品摆放。

（2）对设备流程进行检查，是否有异常并及时处理；物料、劳保用品是否准备齐全、符合要求。

（3）中毒：取样场所油气浓度高或有毒气体泄漏，易造成人员中毒。

（4）人身伤害：操作时观察不够，易造成管线碰伤。

（5）辐射伤害：取样场所放射性物质泄漏，易造成人员辐射伤害。

（6）油气爆炸：着非防静电劳保用品进入油气浓度高场所取样，易造成火灾爆炸。

（7）环境污染：取样后废样品不定点回收，易造成环境污染。

2.26.3.3 取样操作规程表

具体操作顺序、项目、内容等详见表 2.26。

表 2.26 取样操作规程表

操作顺序	操作项目、内容、方法及要求	技术要求	存在风险	风险控制措施	应用辅助工具用具
1	取油样				
1.1	操作人员准备：穿戴好劳保用品．持《交接计量员证》	一人操作			

操作顺序	操作项目、内容、方法及要求	技术要求	存在风险	风险控制措施	应用辅助工具用具
1.2	准备取样桶	清洁、干燥	计量误差	按标准清洗取样桶，烘干	取样桶、绝缘手套
1.3	灭火器检查	完好			
1.4	打开取样阀门，放出死油。	缓慢打开	介质泄露，人员中毒	按照标准佩戴防护	绝缘手套
1.5	取样	取样桶1/4样关闭阀门，5分钟后再取一次，用同样的方法取三次，总量为样桶的3/4	碰伤	按照标准佩戴防护用品	绝缘手套
2	取水样				
2.1	操作人员准备：穿戴好劳保用品，持《交接计量员证》	一人操作			
2.2	准备取样瓶	清洁无油污、无酒、无醋及其他气味，在取样前应先用要取的水样进行冲洗3至5次	计量误差	按标准清洗取样瓶，烘干	取样瓶、绝缘手套
2.3	灭火器检查	完好			
2.4	打开取样阀门，将水样取满，关闭取样阀门	缓慢开阀，水样取满，盖紧瓶盖	介质泄露，人员中毒	按照标准佩戴防护用品	绝缘手套
2.5	避免水样蒸发散失、受热分解、遇空气发生氧化等，取样后密封严密，尽快化验或储于阴暗处				

2.26.3.4 应急处置程序

（1）若人员发生油气中毒事故，应立即撤出操作间呼吸新鲜空气，并拨打 120 求救。

（2）若人员发生人员伤害，第一发现人员应立即停运致伤仪器，现场视伤势情况对受伤人员进行紧急处理，碰伤立即进行紧急包扎处理；如伤势严重，应立即拨打120求救。

（3）发生放射性物质泄漏事故时，第一发现人员应采取自身防辐射措施后将伤者撤离，停运致伤设备、管线，关闭泄漏场所并马上进入应急预案程序。

（4）发生环境污染事故时，应立即组织人员进行清理。

（5）发生火灾爆炸事故时，应立即组织人员进行撤离，并马上进入应急预案程序。

2.27　脱水加药泵操作

2.27.1　脱水加药泵操作规程记忆歌诀

2.27.1.1　脱水加药泵启泵前准备操作记忆歌诀

启前检查不能少，出阀①盘根②压力表③。

油箱油位须正常，盘泵柱塞两次好④。

调量表按流量调⑤，长度百分值准调。

电机⑥电压⑦接地线⑧，进口⑨各阀开启好⑩。

注释：①出阀——指检查确认出口阀灵活好用；②盘根——指密封圈松紧度合适；③压力表——指压力表有校检合格证书并在校检有效周期内，使用压力在 1/3 ~ 2/3 有效量程范围内；④盘泵柱塞两次好——指盘动泵转动，使柱塞往复 2 次以上，确认灵活好用无杂音；⑤调量表按流量调——指根据所需介质液量需要，将泵调量表按系统流量调到相应行程长度的百分值位置上；⑥电机——指电动机完好，接线牢靠；⑦电压——指电压在 360 ~ 420V 之间；⑧接地线——指接地线牢靠合格；⑨进口——指打开泵进口阀；⑩各阀开启好——指开启管汇中的所有阀门。

2.27.1.2　脱水加药泵启泵操作记忆歌诀

确认正常①按按钮②，启泵运转平衡查③。

冲击振动声音有④，松动磨损不用怕⑤。

排除异响归正常⑥，压力⑦液位⑧随时查。

注释：①确认正常——指确认各部检查均正常；②按按钮——指按启动按钮；③启泵运转平衡查——指检查确认泵正常运转平衡；④冲击振动声音有——指若有冲击声和振动声；⑤松动磨损不用怕——指若有冲击声和振动声，说明零部件松动或严重磨损，应及时汇报；⑥排除异响归正常——指检修排除不正常响声，使之正常；⑦压力——指加药泵运行中随时检查压力是否正常，是否在 1/3 ～ 2/3 有效量程范围内；⑧液位——指加药泵运行中随时检查所排介质的液位，做到及时调整不抽空。

2.27.1.3 脱水加药泵倒泵操作记忆歌诀

停前检查预启泵，预启泵启依规须。

缓出停泵进出关①，压力表阀也关闭。

计量公式调刻度②，启停倒泵③规程记。

注释：①缓出停泵进出关：缓出——指先关小预停泵出口阀；停泵进出关——指按停止按钮停泵后再关闭泵的进出口阀门；②计量公式调刻度：计量公式为调量表指标刻度等于设定排量除以泵的排量除以 10，计算结果中的个位应为短针所指内圈刻度（红色），小数点右面的第一位和第二位分别表示外圈大格（黑色）和小格的刻度；③启停倒泵——指倒泵操作包括启泵和停泵两项操作；

2.27.2 脱水加药泵操作规程安全提示歌诀

行程长度百分值，按照系统流量调。

运转平衡要检查，启停规程执行好。

2.27.3 脱水加药泵操作规程

2.27.3.1 脱水加药泵操作流程

其操作流程示意图如图 2.21 所示。

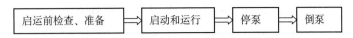

图 2.21 脱水加药泵操作流程示意图

（1）启运前检查、准备（图 2.22）。

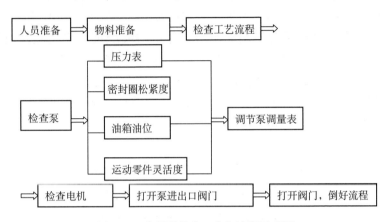

图 2.22 启运前检查、准备流程示意图

（2）启动和运行（图 2.23）。

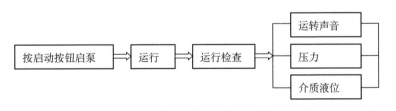

图 2.23 启动和运行流程示意图

（3）停运（图 2.24）。

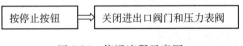

图 2.24 停运流程示意图

（4）倒泵（图 2.25）。

图 2.25　倒泵流程示意图

2.27.3.2　风险提示

（1）操作人员、监护人员是否人数符合要求，是否持有上岗证，是否需要监护。查看机泵周围是否宽敞，是否有其他物品摆放。

（2）对设备流程进行检查，是否有异常并及时处理；物料、劳保用品是否准备齐全、符合要求。

（3）泄漏：启停泵流程倒错，造成系统压力突然升高，易发生管线或法兰泄漏事故。

（4）触电：停送电操作、检查、接地不良或电线裸露，易发生触电事故。

（5）机械伤害：劳动保护穿戴不符合要求，头发、衣角卷入旋转部位，易造成人员伤害事故；操作时站位不正确，工具滑脱，易发生工具伤人、人员滑倒碰伤等事故。

（6）设备损坏：固定螺栓松动造成机泵振动过大，机泵运行不平稳；机泵不同心，轴承缺油，易发生轴承损坏、烧电机事故。

2.27.3.3　脱水加药泵操作规程表

具体操作顺序、项目、内容等详见表 2.27。

表 2.27　脱水加药泵操作规程表

操作顺序	操作项目、内容、方法及要求	技术要求	存在风险	风险控制措施	应用辅助工具用具
1	启动前准备				
1.1	人员准备：穿戴防静电劳保用品	一人操作			
1.2	物料准备：火火器、工具	齐全完好			
1.3	工艺流程检查	正确			

操作顺序	操作项目、内容、方法及要求	技术要求	存在风险	风险控制措施	应用辅助工具用具
1.4	检查泵出口阀、压力表是否灵活好用、密封圈松紧程度、油箱油位是否在规定范围	油位应在看窗口的1/2处	碰伤	按照标准检查。	机油壶、250mm活动扳手
1.5	如缺油或油变质对油箱注入HJ-30#机械油至看窗口2/3处即可		碰伤	按照标准检查。	机油壶、250mm活动扳手
1.6	盘动泵转动，使柱塞反复两次以上，检查运动零件，活动风扇叶片或联轴器部	灵活好用，无杂音	碰伤	仔细观察	250mm活动扳手、螺丝刀
1.7	根据所须介质液量需要，将泵调量表按系统流量调到相应行程长度的百分值位置上		碰伤	仔细观察	250mm活动扳手、螺丝刀
1.8	检查电线接头、电机接地、电压	接头坚固，电机接地合格，电压在360～420V之间	触电	仔细检查	绝缘手套
1.9	打开泵进口阀门和管汇中的所有阀门		介质泄露	平缓操作	250mm活动扳手、管钳
2	启动和运行				
2.1	检查确认无误，即可按启动按钮启动		触电	仔细检查	绝缘手套
2.2	泵正常运转平衡，若有冲击声和振动声现象说明转运零件松动或严重磨损，应及时汇报消除		碰伤	仔细观察	250mm活动扳手、螺丝刀
2.3	运行中应检查压力表是否指示在规定的范围内		设备损坏	按要求调整压力	绝缘手套
2.4	运行中要按时检查所排介质的液位，做到及时调整不抽空	在安全液位范围内	设备损坏	仔细检查	绝缘手套

操作顺序	操作项目、内容、方法及要求	技术要求	存在风险	风险控制措施	应用辅助工具用具
3	正常停泵倒泵操作及维修				
3.1	停泵时按停止按钮后，关闭进出口阀门和压力表阀		碰伤	侧身检查	绝缘手套
3.2	倒泵之前应对预启动泵进行检查		碰伤	仔细观察	绝缘手套
4	计量公式		磕伤手	平稳操作	
4.1	调量表指标刻度等于设定排量除以（泵的最大额定排量除以10）计算结果中的个位应为短针所指内圈刻度（红色），小数点右面的第一和第二位分别表示外圈大格（黑色）和小格的刻度				

2.27.3.4 应急处置程序

（1）若人员发生机械伤害，第一发现人员应立即停运致伤设备，现场视伤势情况对受伤人员进行紧急包扎处理；如伤势严重，应立即拨打120求救。

（2）若人员发生触电事故，第一发现人员应立即切断电源，视触电者伤势情况，采取人工呼吸、胸外心脏挤压等方法现场施救；如伤势严重，应立即拨打120求救。

（3）发生火灾爆炸事故时，应立即组织人员进行撤离，并马上进入应急预案程序。

3 采油测试工日常操作规程记忆歌诀

3.1 水井测压操作

3.1.1 水井测压操作规程记忆歌诀

3.1.1.1 水井测试下仪器记忆歌诀

工具设备和仪器，完好灵活要查检。

上风二十①试井车，上方没有高压线②。

安全带③装防喷管，拽出钢丝前端弯④。

丝堵绳帽握紧穿⑤，压力计用绳结连。

压力计入防喷管⑥，紧丝计数细查看⑦。

归零拔出手摇把⑧，测试阀开侧身缓。

管内压力平衡后⑨，测试阀开启完全。

刹车松开再次刹⑩，力计匀速下放限⑪。

到位刹车拧压帽⑫，剩余钢丝井口缠⑬。

收工清场⑭再交接⑮，下入仪器才算完。

注释：①上风二十：上风——指试井车要停在井口的上风方向；二十——指试井车要停在距离井口 20m 左右的地方；②上方没有高压线——指试井车的上空不能有高压线存在；③安全带——一是指安全带的安全系数要符合安全要求，二是指登上工作台时要系牢安全带；④拽出钢丝前端弯：拽出钢丝——指将钢丝从绞车拽出；前端弯——指钢丝前端打弯便于手握紧；⑤丝堵绳帽握紧穿——指将钢丝穿过丝堵和绳帽；⑥压力计入防喷管——指将压力计装入防喷管；⑦紧丝计数细查看：紧丝——指摇紧钢丝；计数细查看——指在摇紧钢丝的同时查看计数器示值；⑧归零拔出手摇把：归零——指计数器归零；拔出手摇把——指确认摇紧钢丝、计数器归零时将手摇把拔出，防止摇把伤人；⑨管内压力平衡后——指缓慢打开测试阀门，待防喷管内压力平衡后，再完全打开测试阀门；⑩刹车松开再次刹：刹车松开——指刹车稍松开；再次刹——指刹车处于半开半刹状态，确保仪器能匀速下井；⑪力计匀速下放限——指匀速下放（下放过快易发生钢丝缠绕事故）压力计至设计深度；⑫到位刹车拧压帽：到位刹车——指压力计下放到设计深度时刹紧刹车；拧压帽——指拧紧防喷管丝堵压帽；⑬剩余钢丝井口缠——指将剩余钢丝缠绕到井口上；⑭收工清场——指收拾工具，清理现场；⑮再交接——指填写现场记录，并与井组人员进行交接。

3.1.1.2 水井测试起仪器记忆歌诀

上风二十①试井车，上方没有高压线②。

归零欲起压力计③，剩余钢丝滚筒盘④。

百米减速⑤二十摇⑥，压力计入防喷管⑦。

刹车⑧测阀关三二⑨，松开刹车探闸板⑩。

欲想关闭测试阀⑪，确认全进防喷管⑫。

仪器取后卸喷管⑬，擦拭拆卸装箱完。

收工清场⑭再交接⑮，整理资料记录填。

注释：①上风二十：上风——指试井车要停在井口的上风方向；二十——指试井车要停在距离井口20m左右的地方；②上方没有高压线——指试井车的上空不能有高压线存在；③归零欲起压力计：欲起压力计——指上起压力计前；归零——指上起压力计前一定确认计数器归零；④剩余钢丝滚筒盘——指将井口外剩余钢丝盘在绞车滚筒上；⑤百米减速——指上起时距井口100m时要减速；⑥二十摇——指上起时距井口20m时停车改为手摇，防止仪器撞防喷管造成事故；⑦压力计入防喷管——指将压力计提至防喷管内；⑧刹车——指将压力计提至防喷管内刹紧刹车；⑨测阀关三二——指关测试阀门到三分之二程度；⑩松开刹车探闸板——指松开刹车缓慢下放压力计探闸板；⑪欲想关闭测试阀——指关闭测试阀前；⑫确认全进防喷管——指关闭测试阀前，必须确认压力计全部进入防喷管后，才能关闭测试阀；⑬仪器取后卸喷管：仪器取后——指将压力计从防喷管取出；卸喷管——指卸去井口防喷管；⑭收工清场——指收拾工具，清理现场；⑮再交接——指填写现场记录，一是与井组人员进行交接，二是上报测试资料。

3.1.2　水井测压操作规程安全提示歌诀

安全带装防喷管，测试阀开侧身缓。

百米减速二十摇，松开刹车探闸板。

3.1.3　水井测压操作规程

3.1.3.1　风险提示

安装仪器时必须平稳操作，防止工具脱手伤人、手摇把伤人、钢丝弹回伤人、井场滑摔伤。

3.1.3.2　水井测压操作规程表

具体操作顺序、项目、内容等详见表3.1。

表 3.1　水井测压操作规程表

操作顺序	操作步骤、内容、方法及要求	存在风险	风险控制措施	应用辅助工具用具
1	操作前准备			
1.1	检查工具、设备、仪器			
2	注水井测压下仪器			
2.1	摆放试井车	触电、引起火灾	车辆停放在距井口20m左右上风头，上空无高压线	绝缘手套
2.2	安装井口防喷管	脚下滑摔倒摔伤、碰伤	确认工作台清洁、安全带符合安全系数	管钳子、扳手

操作顺序	操作步骤、内容、方法及要求	存在风险	风险控制措施	应用辅助工具用具
2.3	将钢丝从绞车拽出，穿过丝堵和绳帽	手套滑钢丝弹回伤人	钢丝前端打弯、手握紧	
2.4	打绳结			手钳
2.5	连接压力计	扳手脱手碰伤	正确使用工具	专用扳手
2.6	将压力计装入防喷管			
2.7	摇紧钢丝，计数器归零，拔出手摇把	手摇把伤人	将手摇把用后拔出拿掉	
2.8	缓慢打开测试阀门，待防喷管内压力平衡后，再完全打开测试阀门	丝杠崩出伤人	开关阀门侧身	专用扳手
2.9	松开再刹车，匀速下放压力计至设计深度，刹车拧紧防喷管丝堵压帽	钢丝折断仪器掉井	平稳操作钢丝松紧适度	
2.10	将剩余钢丝缠绕到井口上	钢丝折断伤人	平稳操作	
2.11	清理现场、收拾工具			
2.12	与井组人员进行交接，填写现场记录			
3	注水井测压起仪器			
3.1	摆放试井车	触电、引起火灾	车辆停放在距井口20m左右上风头，上空无高压线	绝缘手套
3.2	将井口外剩余钢丝盘在绞车滚筒上	钢丝弹回伤人	手握紧钢丝	手钳
3.3	计数器归零，上起压力计			
3.4	上起时距井口100m减速，20m停车改为手摇，将压力计提至防喷管内，刹紧刹车	钢丝弹回伤人	手握紧钢丝	

操作顺序	操作步骤、内容、方法及要求	存在风险	风险控制措施	应用辅助工具用具
3.5	关测试阀门的三分之二，松开刹车缓慢下放压力计探闸板；确认压力计全部进入防喷管后，关闭测试阀门	丝杠崩出伤人	开关阀门时侧身	专用扳手
3.6	防喷管内取出压力计	损坏仪器	平稳操作	
3.7	拆卸井口防喷管	脚下滑摔倒摔伤、碰伤	确认工作台清洁	管钳子、扳手
3.8	将压力计擦拭干净，用专用工具拆卸，放入仪器箱内	损坏仪器	确定拆卸位置	破布、专用工具
3.9	清理现场、收拾工具			
3.10	与井组人员进行交接，填写现场记录			
4	上报测试资料			

3.1.3.3 应急处置程序

（1）发生工具脱手伤人、手摇把伤人时，现场视伤势情况对受伤人员进行紧急包扎处理，并立即上报队里。

（2）发生钢丝弹回伤人时，现场视伤势情况对受伤人员进行紧急包扎处理，并立即上报队里。

（3）井场滑摔伤时，现场视伤势情况对受伤人员进行紧急包扎处理，并立即上报队里。

（4）如伤势严重，应立即拨打120求救。

3.2 新井静压操作

3.2.1 新井静压操作规程记忆歌诀

3.2.1.1 新井静压下仪器记忆歌诀

工具设备和仪器，完好灵活要查检。

上风二十①试井车，上方没有高压线②。

他人远离对套管③，打开套管侧身缓。

清洁确认工作台，测压短接井口安。

掇出钢丝前端弯④，丝堵绳帽握紧穿⑤。

压力计用绳结连，压力计入防喷管⑥。

丝堵测试滑轮安⑦，滑轮绞车对正看⑧。

手摇钢丝计数器⑨，拔出摇把归零看⑩。

下放仪器关套阀⑪，套管阀关侧身缓。

到位刹车拧压帽⑫，剩余钢丝井口缠⑬。

收工清场⑭再交接⑮，下入仪器才算完。

注释：①上风二十：上风——指试井车要停在井口的上风方向；二十——指试井车要停在距离井口20m左右的地方；②上方没有高压线——指试井车的上空不能有高压线存在；③他人远离对套管——指其他人员远离套管所对方向；④掇出钢丝前端弯：掇出钢丝——指将钢丝从绞车掇出；前端弯——指钢丝前端打弯便于手握紧；⑤丝堵绳帽握紧穿——指将钢丝穿过丝堵和绳帽；⑥压力计入防喷管——指将压力计装入防喷管；⑦丝堵测试滑轮安——指安装防喷丝堵和测试滑轮；⑧滑轮绞车对正看——指调整滑轮角度对正绞车；⑨手摇钢丝计数器：手摇钢丝——指摇紧钢丝；计数器——指在手摇钢丝的同时查看计数器示值；⑩拔出摇把归零看：归零看——指计数器归零；拔出摇把——指确认摇紧钢丝、计数器归零时将手摇把拔出，防止摇把伤人；⑪下放仪器关套阀——指下放仪器，关闭套管阀门；⑫到位刹车拧压帽：到位刹车——指压力计下放到设计深度时刹紧刹车；拧压帽——指拧紧防喷管丝堵压帽；⑬剩余钢丝井口缠——指将剩余钢丝缠绕到井口上；⑭收工清场——指收拾工具，清理现场；⑮再交接——指填写现场记录，并与井组人员进行交接。

3.2.1.2　新井静压起仪器记忆歌诀

上风二十①试井车，上方没有高压线②。

归零欲起压力计③，剩余钢丝滚筒盘④。

百米减速⑤二十摇⑥，压力计入防喷管⑦。

他人远离对套管⑧，打开套管侧身缓。

滑轮丝堵压力计⑨，擦拭拆卸装箱完。

收工清场⑩再交接⑪，整理资料记录填。

注释：①上风二十：上风——指试井车要停在井口的上风方向；二十——指试井车要停在距离井口 20m 左右的地方；②上方没有高压线——指试井车的上空不能有高压线存在；③归零欲起压力计：欲起压力计——指上起压力计前；归零——指上起压力计前一定确认计数器归零；④剩余钢丝滚筒盘——指将井口外剩余钢丝盘在绞车滚筒上；⑤百米减速——指上起时距井口 100m 时要减速；⑥二十摇——指上起时距井口 20m 时停车改为手摇，防止仪器撞防喷管造成事故；⑦压力计入防喷管——指将压力计提至防喷管内；⑧他人远离对套管——指其他人员远离套管所对方向；⑨滑轮丝堵压力计——指取下滑轮，卸下防喷丝堵，取出压力计；⑩收工清场——指收拾工具，清理现场；⑪再交接——指填写现场记录，一是与井组人员进行交接，二是上报测试资料。

3.2.2　新井静压操作规程安全提示歌诀

套管方向人莫站，打开套管侧身缓。

百米减速二十摇，压力计入防喷管。

3.2.3 新井静压操作规程

3.2.3.1 风险提示

安装仪器时必须平稳操作，防止工具脱手伤人、手摇把伤人、钢丝弹回伤人、高压气体和液体刺出伤人。

3.2.3.2 新井静压操作规程表

具体操作顺序、项目、内容等详见表3.2。

表 3.2 新井静压操作规程表

操作顺序	操作步骤、内容、方法及要求	存在风险	风险控制措施	应用辅助工具用具
1	操作前准备			
1.1	检查工具、设备、仪器			
2	新井测静压下仪器			
2.1	摆放试井车	触电，引起火灾	车辆停放在距井口20m左右上风头，上空无高压线	绝缘手套
2.2	打开套管阀门放空	高压气体和液体刺出伤人	开阀门时侧身、其他人员远离套管所对方向	防盗扳手
2.3	安装井口测压短接	脚下滑摔倒摔伤、碰伤	确认工作台清洁	管钳子
2.4	将钢丝从绞车拽出，穿过滑轮、丝堵和绳帽	钢丝弹回伤人	钢丝前端打弯、手握紧	
2.5	打绳结	钢丝弹回伤人	钢丝前端打弯、手握紧	手钳
2.6	连接压力计	扳手脱手碰伤	正确使用工具	专用扳手
2.7	从井口放入压力计	仪器脱手	适当控制钢丝松紧度	
2.8	安装防喷丝堵和测试滑轮	扳手脱手碰伤	正确使用工具	呆扳手
2.9	调整滑轮角度对正绞车	手夹伤	调整滑轮时握紧滑轮支架上部	
2.10	手摇钢丝并将计数器归零	手摇把伤人	将手摇把用后拔出拿掉	

操作顺序	操作步骤、内容、方法及要求	存在风险	风险控制措施	应用辅助工具用具
2.11	下放仪器、关闭套管阀门	扳手脱手碰伤	正确使用工具	防盗扳手
2.12	仪器下放到设计深度后，将剩余钢丝缠绕到井口上	钢丝弹回伤人	控制下放速度	
2.13	清理现场、收拾工具			
2.14	与作业人员进行交接，填写现场记录			
3	新井测静压起仪器			
3.1	摆放试井车	触电，引起火灾	车辆停放在距井口 20m 右上风头，上空无高压线	绝缘手套
3.2	将井口外剩余钢丝盘在绞车滚筒上	钢丝弹回伤人	手握紧钢丝	手钳
3.3	计数器归零，上起压力计			
3.4	上起时距井口 100m 减速，20m 停车改为手摇	手摇把伤人	将手摇把用后拔出拿掉	
3.5	确认压力计到井口后打开套管阀门放空	高压气体和液体刺出伤人	开阀门时侧身，其他人员远离套管所对方向	
3.6	取下滑轮，卸下防喷丝堵，取出压力计	扳手脱手碰伤	正确使用工具	管钳子、专用扳手
3.7	将压力计擦拭干净，用专用工具拆卸，放入仪器箱内	损坏仪器	确定拆卸位置	破布、专用工具
3.8	清理现场、收拾工具			
3.9	与作业人员进行交接，填写现场记录			
4	上报测试资料			

3.2.3.3　应急处置程序

（1）发生工具脱手伤人、手摇把伤人时，现场视伤势情况对受伤人员进行紧急包扎处理，并立即上报队里。

（2）发生钢丝弹回伤人、高压气体和液体刺出伤人时，现场视伤势情况对受伤人员进行紧急包扎处理，并立即上报队里。

（3）如伤势严重，应立即拨打120求救。

3.3　油井分层测压操作

3.3.1　油井分层测压操作规程记忆歌诀

检查工具压力计，贴上标签①记录好。

现场检查分测管②，专箱现场固定好③。

平稳组装压力计，分测管上标记好④。

压力计入分测管⑤，交接清楚记录好⑥。

拆管取出压力计⑦，拆卸清理装箱好。

再次交接填记录⑧，归队资料处理报⑨。

注释：①贴上标签——指在压力计上贴好层段标签；②现场检查分测管——指现场检查分测管质量；③专箱现场固定好：专箱——指专用仪器箱；固定好——指将仪器放入专用仪器箱的固定位置；现场——指运送到现场；④分测管上标记好——指在分层测压管上做出层段标记；⑤压力计入分测管——指将压力计装入分层测压管内；⑥交接清楚记录好——指与作业人员现场交接清楚，填好现场交接记录；⑦拆管取出压力计——指现场拆卸分测管，取出压力计；⑧再次交接填记录——指再次与作业人员现场交接清楚，填好现场交接记录；⑨归队资料处理报——指归队后处理测试数据，并上报测试资料。

3.3.2　油井分层测压操作规程安全提示歌诀

贴上标签记录好，分测管上标记好。

交接清楚记录好，拆装清理装箱好。

3.3.3　油井分层测压操作规程

3.3.3.1　风险提示

扳手脱手伤人。

3.3.3.2　油井分层测压操作规程表

具体操作顺序、项目、内容等详见表 3.3。

表 3.3　油井分层测压操作规程表

操作顺序	操作步骤、内容、方法及要求	存在风险	风险控制措施	应用辅助工具用具
1	操作前准备			
1.1	按要求和规定穿戴好劳动保护装备			
1.2	检查工具及压力计			
2	准备压力计			
2.1	在压力计上贴好层段标签，做好记录			
2.2	现场检查分层测压管质量	碰伤、砸伤	平稳操作	
2.3	将压力计放入专用仪器箱内送至现场	仪器损坏	专用仪器箱放入固定位置	
3	分层测压下压力计			
3.1	组装压力计	扳手脱手伤人	戴好防护手套，平稳操作	专用扳手
3.2	在分层测压管上做出层段标记			内六角扳手
3.3	将压力计装入分层测压管内	扳手脱手碰伤，仪器损坏	平稳操作，正确地使用工具	专用工具
3.4	与作业人员现场交接，填好现场交接记录			
4	分层测压取压力计			专用工具

操作顺序	操作步骤、内容、方法及要求	存在风险	风险控制措施	应用辅助工具用具
4.1	现场拆卸分测管,取出压力计	扳手脱手伤人	戴好防护手套,平稳操作	专用扳手
4.2	拆卸压力计、将压力计清理干净,使导压孔畅通,放入专用仪器箱内	扳手脱手伤人,仪器损坏	戴好防护手套,平稳操作,专用仪器箱放入固定位置	破布、专用工具
4.3	与作业人员现场交接,填好现场交接记录			专用工具
4.4	归队			
4.5	测试数据处理			
5	上报测试资料			

3.3.3.3 应急处置程序

发生扳手脱手伤人情况时,现场视伤势情况对受伤人员进行紧急包扎处理;如伤势过重,立即通知队里并拨打120求救。

3.4 油井环空测压操作

3.4.1 油井环空测压操作规程记忆歌诀

3.4.1.1 油井环空测压下仪器记忆歌诀

工具设备和仪器,完好灵活要查检。

上风二十①试井车,上方没有高压线②。

停抽刹车上死点,欲卸丝堵放套管③。

搜出钢丝前端弯④,丝堵绳帽握紧穿⑤。

压力计用绳结连,力计下放从孔偏⑥。

丝堵测试滑轮安⑦,滑轮绞车对正看⑧。

手摇钢丝计数器⑨,拔出摇把归零看⑩。

下放仪器关套阀[11]，套管阀关侧身缓。

设计深度下到位，剩余钢丝井口缠[12]。

收工清场开启抽[13]，交接井组记录填[14]。

注释：①上风二十：上风——指试井车要停在井口的上风方向；二十——指试井车要停在距离井口20m左右的地方；②上方没有高压线——指试井车的上空不能有高压线存在；③欲卸丝堵放套管——指打开套管阀门放空，卸下偏心丝堵；④拽出钢丝前端弯：拽出钢丝——指将钢丝从绞车拽出；前端弯——指钢丝前端打弯便于手握紧；⑤丝堵绳帽握紧穿——指将钢丝穿过丝堵和绳帽；⑥力计下放从孔偏——指从偏孔放入压力计；⑦丝堵测试滑轮安——指安装防喷丝堵和测试滑轮；⑧滑轮绞车对正看——指调整滑轮角度对正绞车；⑨手摇钢丝计数器：手摇钢丝——指摇紧钢丝；计数器——指在手摇钢丝的同时查看计数器示值；⑩拔出摇把归零看：归零看——指计数器归零；拔出摇把——指确认摇紧钢丝、计数器归零时将手摇把拔出，防止摇把伤人；⑪下放仪器关套阀——指下放仪器，关闭套管阀门；⑫剩余钢丝井口缠——指将剩余钢丝缠绕到井口上；⑬收工清场开启抽：收工清场——指收拾工具，清理现场；开启抽——指启动抽油机；⑭交接井组记录填：交接井组——指与井组人员进行交接；记录填——指填写现场记录。

3.4.1.2 油井环空测压起仪器记忆歌诀

上风二十[1]试井车，上方没有高压线[2]。

归零欲起压力计[3]，剩余钢丝滚筒连[4]。

百米减速[5]二十摇[6]，压力计入防喷管[7]。

他人远离对套管[8]，打开套管侧身缓。

滑轮丝堵压力计[9]，擦拭拆卸装箱完。

收工清场[10]再交接[11]，资料上报[12]记录填[13]。

注释：①上风二十：上风——指试井车要停在井口的上风方向；二十——指试井车要停在距离井口20m左右的地方；②上方没有高压

线——指试井车的上空不能有高压线存在；③归零欲起压力计：欲起压力计——指上起压力计前；归零——指上起压力计前一定确认计数器归零；④剩余钢丝滚筒连——指将井口外剩余钢丝与绞车滚筒相连；⑤百米减速——指上起时距井口 100m 时要减速；⑥二十摇——指上起时距井口 20m 时停车改为手摇，防止仪器撞防喷管造成事故；⑦压力计入防喷管——指将压力计提至防喷管内；⑧他人远离对套管——指其他人员远离套管所对方向；⑨滑轮丝堵压力计——指取下滑轮，卸下防喷丝堵，取出压力计；⑩收工清场——指收拾工具，清理现场；⑪再交接——指与井组人员进行交接；⑫资料上报——指上报测试资料；⑬记录填——指现场填写记录。

3.4.2 油井环空测压操作规程安全提示歌诀

欲卸丝堵放套管，套管方向人莫站。

百米减速二十摇，侧身缓慢开套管。

3.4.3 油井环空测压操作规程

3.4.3.1 风险提示

启停抽油机时必须戴好绝缘手套，安装仪器时必须平稳操作，防止工具脱手伤人、手摇把伤人、钢丝弹回伤人。

3.4.3.2 油井环空测压操作规程表

具体操作顺序、项目、内容等详见表 3.4。

表 3.4 油井环空测压操作规程表

操作顺序	操作步骤、内容、方法及要求	存在风险	风险控制措施	应用辅助工具用具
1	操作前准备			
1.1	检查工具、设备、仪器			
2	环空测压下仪器			

操作顺序	操作步骤、内容、方法及要求	存在风险	风险控制措施	应用辅助工具用具
2.1	摆放试井车	触电、引起火灾	车辆停放在距井口20m左右的上风口，上空无高压线	绝缘手套
2.2	停抽，驴头停在上死点，刹车	碰伤，触电	按规程平稳操作	试电笔、绝缘手套
2.3	打开套管阀门放空，卸下偏心丝堵	高压气体和液体刺出伤人	开阀门时侧身，其他人员远离套管所对方向	管钳子、防盗扳手
2.4	将钢丝从绞车拽出，穿过滑轮、丝堵和绳帽	钢丝弹回伤人	钢丝前端打弯、手握紧	
2.5	打绳结	钢丝弹回伤人	钢丝前端打弯、手握紧	手钳
2.6	连接压力计	损坏仪器	按规程平稳操作	专用工具
2.7	从测压偏孔放入压力计	损坏仪器	按规程平稳操作	
2.8	安装井口防喷丝堵和测试滑轮	手夹伤	按规程平稳操作	
2.9	调整滑轮角度、对正绞车	手夹伤	调整滑轮时握紧滑轮支架上部	
2.10	手摇钢丝并将计数器归零	手摇把伤人	将手摇把用后拔出拿掉	
2.11	下放仪器、关闭套管阀门	扳手脱手碰伤	正确使用工具	防盗扳手
2.12	仪器下放到设计深度后，将剩余钢丝缠绕到井口上	钢丝弹回伤人	控制下放速度	
2.13	清理现场、收拾工具			
2.14	松开刹车，开启抽油机	碰伤，触电	按规程平稳操作	试电笔、绝缘手套
2.15	与井组人员进行交接，填写现场记录			
3	环空测压起仪器			

操作顺序	操作步骤、内容、方法及要求	存在风险	风险控制措施	应用辅助工具用具
3.1	摆放试井车	触电,引起火灾	车辆停放在距井口20m左右上风口,上空无高压线	绝缘手套
3.2	将井口剩余钢丝与绞车滚筒相连	钢丝弹回伤人	手握紧钢丝,平稳操作	手钳
3.3	计数器归零,上起压力计			
3.4	上起时距井口100m减速,20m停车改为手摇	钢丝弹回伤人,仪器掉井	手握紧钢丝,平稳操作	
3.5	确认压力计到井口后打开套管阀门放空	高压气体和液体刺出伤人	开阀门时侧身、其他人员远离套管所对方向	专用工具
3.6	取下滑轮,卸下防喷丝堵,取出压力计	扳手脱手碰伤	正确使用工具	管钳子、专用扳手
3.7	将压力计擦拭干净,用专用工具拆卸,放入仪器箱内	损坏仪器	确定拆卸位置	破布、专用工具
3.8	清理现场、收拾工具			
3.9	与井组人员交接,并填写现场记录			
4	上报测试资料			

3.4.3.3 应急处置程序

(1)若人员发生碰伤或触电伤害,第一发现人员应立即断电,现场视伤势情况对受伤人员进行紧急包扎处理,并立即上报队里。

(2)发生工具脱手伤人、手摇把伤人时,现场视伤势情况对受伤人员进行紧急包扎处理,并立即上报队里。

(3)发生钢丝弹回伤人、高压气体和液体刺出伤人时,现场视伤势情况对受伤人员进行紧急包扎处理,并立即上报队里。

(4)如伤势严重,应立即拨打120求救。

3.5 油井环空测压解缠绕操作

3.5.1 油井环空测压解缠绕操作规程记忆歌诀

上风二十①试井车，上方没有高压线②。

打开套放卸套阀③，套管方向人莫前④。

缠绕方向细查看⑤，照明用防爆手电⑥。

配合得当手握紧⑦，钢丝下放五十限⑧。

钢丝钩出观察口⑨，滑轮丝堵钢丝剪⑩。

顺丝方向转井口⑪，小角转动用管钳⑫。

解除缠绕卸丝堵⑬，钩回钢丝从孔偏⑭。

握紧上提压力计⑮，丝堵套阀安装严。

收工清场开启抽，擦拭拆卸装箱全。

井组交接填记录，测试资料上报全。

注释：①上风二十：上风——指试井车要停在井口的上风方向；二十——指试井车要停在距离井口 20m 左右的地方；②上方没有高压线——指试井车的上空不能有高压线存在；③打开套放卸套阀：打开套放——指打开套管阀门放空，卸套阀——指确认套管压力放净后卸下套管阀门；④套管方向人莫前——指其他人员远离套管所对方向；⑤缠绕方向细查看——指仔细查看钢丝缠绕方向；⑥照明用防爆手电——指观察不清时用防爆手电照明；⑦配合得当手握紧——指下放钢丝前要配合好，握紧钢丝；⑧钢丝下放五十限——指下放钢丝 5～10m；⑨钢丝钩出观察口——指将钢丝从套管观察口钩出；⑩滑轮丝堵钢丝剪——指剪断钢丝，卸下测试滑轮和测试丝堵，上紧井口偏心丝堵；⑪顺丝方向转井口——指按钢丝下缠方向转动井口；⑫小角转动用管钳——指管钳夹紧，转动角度要小；⑬解除缠绕卸丝堵——指解除缠绕后卸下井口偏心丝堵；⑭钩回钢丝从孔偏——指从偏孔内将钢丝钩回；⑮紧握上提压力计——指上提时手握紧，平稳操作，配合得当，取出压力计。

3.5.2 油井环空测压解缠绕操作规程安全提示歌诀

打开套放卸套阀，套管方向人莫站。

顺丝方向转井口，小角慢旋用管钳。

3.5.3 油井环空测压解缠绕操作规程

3.5.3.1 风险提示

安装仪器时必须平稳操作，防止工具脱手伤人、手摇把伤人、钢丝弹回伤人。

3.5.3.2 油井环空测压解缠绕操作规程表

具体操作顺序、项目、内容等详见表3.5。

表 3.5 油井环空测压解缠绕操作规程表

操作顺序	操作步骤、内容、方法及要求	存在风险	风险控制措施	应用辅助工具用具
1	操作前准备			
1.1	按要求和规定穿戴好劳动保护装备			
1.2	检查工具、设备			
2	环空测压解缠绕操作			
2.1	摆放试井车	触电、引起火灾	车辆停放在距井口20m左右上风口，上空无高压线	绝缘手套
2.2	停抽，驴头停在上死点，刹车	碰伤、触电	按规程平稳操作	绝缘手套、试电笔
2.3	打开套管阀门放空，卸下套管阀门	高压气体和液体刺出伤人、砸伤	开阀门时侧身，其他人员远离套管所对方向，平稳操作	管钳子、防盗扳手

操作顺序	操作步骤、内容、方法及要求	存在风险	风险控制措施	应用辅助工具用具
2.4	察看钢丝缠绕方向，观察不清时用防爆手电照明	碰伤	选择正确观察位置	防爆手电
2.5	下放钢丝 5~10m	钢丝反弹伤人	侧身、离开观察孔手握紧，配合得当	
2.6	将钢丝从套管观察口中钩出	钢丝反弹伤人	手握紧，配合得当	钢丝钩
2.7	剪断钢丝，卸下测试滑轮和测试丝堵，上紧井口偏心丝堵	钢丝反弹伤人	手握紧，配合得当	手钳
2.8	用管钳子按钢丝下缠方向转动偏心井口	管钳脱落伤人	管钳夹紧，转动角度要小	管钳子
2.9	解除缠绕后卸下井口偏心丝堵，从偏孔内将钢丝钩回	钢丝反弹伤人	手握紧，配合得当	钢丝钩
2.10	取出压力计	仪器掉井	上提时手握紧，平稳操作，配合得当	
2.11	上好套管阀门及井口偏心丝堵	碰伤、砸伤	平稳操作	
2.12	清理现场、收拾工具	碰伤	观察好清理现场空间情况，平稳操作	
2.13	松开刹车，开启抽油机	碰伤、触电	按规程平稳操作	试电笔、绝缘手套
2.14	将压力计擦拭干净，用专用工具拆卸，放入仪器箱内	损坏仪器	确定拆卸位置	破布、专用工具
2.15	与井组人员交接，并填写现场记录			
3	上报测试资料			

3.5.3.3 应急处置程序

（1）发生工具脱手伤人、手摇把伤人时，现场视伤势情况对受伤人员进行紧急包扎处理，并立即上报队里。

（2）发生钢丝弹回伤人时，现场视伤势情况对受伤人员进行紧急包扎处理，并立即上报队里。

（3）如伤势严重，应立即拨打120求救。

3.6 油井起泵测压操作

3.6.1 油井起泵测压操作规程记忆歌诀

3.6.1.1 油井起泵测压下仪器记忆歌诀

工具设备和仪器，完好灵活要查检。

上风二十①试井车，上方没有高压线②。

他人远离对套管③，打开套管侧身缓。

清洁确认工作台，测压短接井口安。

拽出钢丝前端弯④，丝堵绳帽握紧穿⑤。

压力计用绳结连，压力计入防喷管⑥。

丝堵测试滑轮安⑦，滑轮绞车对正看⑧。

手摇钢丝计数器⑨，拔出摇把归零看⑩。

下放仪器关套阀⑪，关闭套阀侧身缓。

设计深度下到位，剩余钢丝井口缠⑫。

收工清场⑬不落项，交接井组记录填⑭。

注释：①上风二十：上风——指试井车要停在井口的上风方向；二十——指试井车要停在距离井口20m左右的地方；②上方没有高压线——指试井车的上空不能有高压线存在；③他人远离对套管——指其他人员远离套管所对方向；④拽出钢丝前端弯：拽出钢丝——指将钢丝从绞车拽出；前端弯——指钢丝前端打弯便于手握紧；⑤丝堵绳帽握紧穿——指将钢丝穿过丝堵和绳帽；⑥压力计入防喷管——指将压力计装入防喷管；⑦丝堵测试滑轮安——指安装防喷丝堵和测试滑轮；⑧滑轮绞车对正看——指调整滑轮角度对正绞车；⑨手摇钢丝计数器：手摇钢丝——指摇紧钢丝；计数器——指在手摇钢丝的同时查看计数器示值；⑩拔出摇把归零看：归零看——指计数器归零；拔出摇把——指确认摇紧钢丝、计数器归零时将手摇把拔出，防止摇把伤人；⑪下放仪器关套阀——指下放仪器，关闭套管阀门；⑫剩余钢丝井口缠——指将剩余钢丝缠绕到井口上；⑬收工清场——指收拾工具，清理现场；⑭交接井组记录填：交接井组——指与井组人员进行交接；记录填——指填写现场记录。

3.6.1.2　油井起泵测压起仪器记忆歌诀

上风二十①试井车，上方没有高压线②。

归零欲起压力计③，剩余钢丝滚筒连④。

百米减速⑤二十摇⑥，压力计入防喷管⑦。

他人远离对套管⑧，打开套管侧身缓。

滑轮丝堵压力计⑨，擦拭拆卸装箱全。

收工清场⑩再交接⑪，填写记录⑫资料全⑬。

注释：①上风二十：上风——指试井车要停在井口的上风方向；二十——指试井车要停在距离井口 20m 左右的地方；②上方没有高压线——指试井车的上空不能有高压线存在；③归零欲起压力计：欲起压力计——指上起压力计前；归零——指上起压力计前一定确认计数器归零；④剩余钢丝滚筒连——指将井口外剩余钢丝与绞车滚筒相连；⑤百米减速——指上起时距井口 100m 时要减速；⑥二十摇——指上起时距井口 20m 时停车改为手摇，防止仪器撞防喷管造成事故；⑦压力计入防喷管——指将压力计提至防喷管内；⑧他人远离对套管——指其他人员远离套管所对方向；⑨滑轮丝堵压力计——指取下滑轮，卸下防喷丝堵，取出压力计；⑩收工清场——指收拾工具，清理现场；⑪再交接——指与井组人员进行交接；⑫填写记录——指现场填写记录；⑬资料全——指上报测试资料全面。

3.6.2　油井起泵测压操作规程安全提示歌诀

套管方向人莫站，打开套管侧身缓。

百米减速二十摇，压力计入防喷管。

3.6.3 油井起泵测压操作规程

3.6.3.1 风险提示

安装仪器时必须平稳操作，防止工具脱手伤人、手摇把伤人、钢丝弹回伤人、高压气体和液体刺出伤人。

3.6.3.2 油井起泵测压操作规程表

具体操作顺序、项目、内容等详见表3.6。

表3.6 油井起泵测压操作规程表

操作顺序	操作步骤、内容、方法及要求	存在风险	风险控制措施	应用辅助工具用具
1	操作前准备			
1.1	检查工具、设备、仪器			
2	油井起泵测压下仪器			
2.1	摆放试井车	触电、引起火灾	车辆停放在距井口20m左右上风口，上空无高压线	绝缘手套
2.2	打开套管阀门放空	高压气体和液体刺出伤人	开阀门时侧身，其他人员远离套管所对方向	防盗扳手
2.3	安装井口测压短接	脚下滑摔倒摔伤、碰伤	确认工作台清洁	管钳子
2.4	将钢丝从绞车捡出，穿过滑轮、丝堵和绳帽	钢丝弹回伤人	钢丝前端打弯，手握紧	
2.5	打绳结	钢丝弹回伤人	钢丝前端打弯，手握紧	手钳
2.6	连接压力计	扳手脱手碰伤	正确使用工具	专用扳手
2.7	从井口放入压力计	仪器脱手	适当控制钢丝松紧度	
2.8	安装防喷丝堵和测试滑轮	扳手脱手碰伤	正确使用工具	呆扳手
2.9	调整滑轮角度对正绞车	手夹伤	调整滑轮时握紧滑轮支架上部	

操作顺序	操作步骤、内容、方法及要求	存在风险	风险控制措施	应用辅助工具用具
2.10	手摇钢丝并将计数器归零	手摇把伤人	将手摇把用后拔出拿掉	
2.11	下放仪器、关闭套管阀门	扳手脱手碰伤	正确使用工具	防盗扳手
2.12	仪器下放到设计深度后，将剩余钢丝缠绕到井口上	钢丝弹回伤人	控制下放速度	
2.13	清理现场，收拾工具			
2.14	与井组人员交接，并填写现场记录			
3	油井起泵测压起仪器			
3.1	摆放试井车	触电、引起火灾	车辆停放在距井口20m左右上风口，上空无高压线	绝缘手套
3.2	将井口外剩余钢丝盘在绞车滚筒上	钢丝弹回伤人	手握紧钢丝	手钳
3.3	计数器归零，上起压力计			
3.4	上起时距井口100m减速，20m停车改为手摇	手摇把伤人	将手摇把用后拔出拿掉	
3.5	确认压力计到井口后打开套管阀门放空	高压气体和液体刺出伤人	开阀门时侧身、其他人员远离套管所对方向	防盗扳手
3.6	取下滑轮，卸下防喷丝堵，取出压力计	扳手脱手碰伤	正确使用工具	管钳子、专用扳手
3.7	将压力计擦拭干净，用专用工具拆卸，放入仪器箱内	损坏仪器	确定拆卸位置	抹布、专用工具
3.8	清理现场，收拾工具			
3.9	与井组人员进行交接，填写现场记录			
4	上报测试资料			

3.6.3.3 应急处置程序

（1）发生工具脱手伤人、手摇把伤人时，现场视伤势情况对受伤人员进行紧急包扎处理，并立即上报队里。

（2）发生钢丝弹回伤人、高压气体和液体刺出伤人时，现场视伤势情况对受伤人员进行紧急包扎处理，并立即上报队里。

（3）如伤势严重，应立即拨打120求救。

3.7 油水井测压软打捞操作

3.7.1 油水井测压软打捞操作规程记忆歌诀

上风二十①试井车，上方没有高压线②。

打捞滑轮井口安③，滑轮绞车对正看④。

拽出钢丝前端弯⑤，对准绳帽握紧穿⑥。

打捞工具绳结连⑦，工具进入防喷管⑧。

手摇钢丝计数器⑨，拔出摇把归零看⑩。

根据落物下深度，绞车示值看力表⑪。

调整压力控制阀⑫，打捞工具起缓慢。

起速压力控制好⑬，二级落物须避免。

工具上起到井口⑭，工具落物取出连⑮。

收工清场不落项，打捞操作才算完。

注释：①上风二十：上风——指试井车要停在井口的上风方向；二十——指试井车要停在距离井口20m左右的地方；②上方没有高压线——指试井车的上空不能有高压线存在；③打捞滑轮井口安——指安装井口打捞滑轮；④滑轮绞车对正看——指调整滑轮角度对正绞车；⑤拽出钢丝前端弯：拽出钢丝——指将钢丝从绞车拽出；前端弯——指钢丝前端打弯便于手握紧；⑥对准绳帽握紧穿——指将钢丝穿过绳帽；⑦打捞工具绳结连——指打绳结，连接打捞工具；⑧工具进入防喷管——指将打捞工具进入防喷管下入井筒内；⑨手摇钢丝计数器：手摇钢丝——指摇紧钢丝；计数器——指在手摇钢丝的同时查看计数器示值；⑩拔出摇把归零看：归零看——指计数器归零；拔出摇把——指确认摇紧钢丝、计数器归零时将手摇把拔出，防止摇把伤人；⑪绞车示值看力表——指确认成功打捞落物后，查看绞车压力表读数；⑫调整压力控制阀——指根据绞车压力表读数，及时调整压力控制阀；⑬起速压力控制好——指控制好压力，缓慢上起打捞工具；⑭工具上起到井口——指确认打捞工具到井口；⑮工具落物取出连——指将打捞工具和落物从井内取出。

3.7.2 油井测压软打捞操作规程安全提示歌诀

调整压力控制阀，打捞工具起缓慢。

起速压力控制好，二级落物须避免。

3.7.3 油水井测压软打捞操作规程

3.7.3.1 风险提示

安装仪器时必须平稳操作，防止工具脱手伤人、手摇把伤人、钢丝弹回伤人。

3.7.3.2 油水井测压软打捞操作规程表

具体操作顺序、项目、内容等详见表3.7。

表3.7 油水井测压软打捞操作规程表

操作顺序	操作步骤、内容、方法及要求	存在风险	风险控制措施	应用辅助工具用具
1	操作前准备			
1.1	按要求和规定穿戴好劳动保护装备			
1.2	检查工具、设备			
2	软打捞操作			

操作顺序	操作步骤、内容、方法及要求	存在风险	风险控制措施	应用辅助工具用具
2.1	摆放试井车	触电，引起火灾	车辆停放在距井口20m左右上风口，上空无高压线	绝缘手套
2.2	安装井口打捞滑轮	钢丝跳槽	滑轮对准绞车	扳手
2.3	将钢丝从绞车拽出，穿过绳帽，打绳结	钢丝弹回伤人	钢丝前端打弯、手握紧	手钳
2.4	连接打捞工具	打捞工具倒扣	紧固好各连接点	管钳子
2.5	将打捞工具平稳放入井筒内	损伤打捞工具	平稳操作	打捞专用工具
2.6	手摇紧钢丝并将计数器归零	手摇把伤人	将手摇把用后拔出拿掉	
2.7	根据落物不同选择下入深度			
2.8	确认成功打捞落物后，根据绞车压力表读数，及时调整压力控制阀；缓慢上起打捞工具	造成二级落物	控制好压力和上起速度	
2.9	打捞工具起至井口后，将打捞工具及落物从井内取出			管钳子
3	清理现场，收拾工具			

3.7.3.3 应急处置程序

（1）发生工具脱手伤人、手摇把伤人时，现场视伤势情况对受伤人员进行紧急包扎处理，并立即上报队里。

（2）发生钢丝弹回伤人时，现场视伤势情况对受伤人员进行紧急包扎处理，并立即上报队里。

（3）如伤势严重，应立即拨打120求救。

3.8 地面三管分注井测试操作

3.8.1 地面三管分注井测试操作规程记忆歌诀

3.8.1.1 准备工作记忆歌诀

层段配注要求明①，压力水量正常须②。

齐全灵活无渗漏③，备好水嘴分水器④。

注释：①层段配注要求明——指了解清楚确认各层段性质和配注要求；②压力水量正常须——指正常注水时的压力和水量；③齐全灵活无渗漏——指井口设备齐全完好，各阀门开关灵活，井口无渗漏；④备好水嘴分水器——指准备好各种水嘴和全套地面分水器。

3.8.1.2 测试操作记忆歌诀

启动压力降压法，侧身控制下流阀。

水表不走压力值①，关二三段注水阀。

四个压力点值定②，配注压力在三点③。

压差点二到点五④，油压调过高四点⑤。

开始测试四点高⑥，十五分钟测每点⑦。

油压降低第一点⑧，依此测试它三点⑨。

重复测试二三段，压力水量记录填。

层段压力水量依⑩，全井配注压力点⑪。

差层地面调水嘴⑫，全井定压再测调⑬。

全井水量不合格，水嘴配置重新调⑭。

全井水量测合格，测试过程完成了。

测完下流调水量⑮，收工注水正常了⑯。

注释：①水表不走压力值——指测启动压力一般采取降压法，控制下流阀门，用电子水表测时，取水表刚好不走时的压力值；②四个压力点值定——指测试套管（一段），根据全井油压，确定 4 个压力点（值）；③配注压力在三点——指完成配注时的压力点在确定 4 个压力点（值）的第三个点上；④压差点二到点五——指确定 4 个压力点（值）的压差在 0.2 ～ 0.5MPa 之间；⑤油压调过高四点——指正常测试时，把油压调至略高于确定 4 个压力点（值）的最高压力值；⑥开始测试四点高——指利用降压法控制下流阀门，由确定 4 个压力点（值）的高压力开始测试；⑦十五分钟测每点——指确定 4 个压力点（值），每个点测试 15 分钟；⑧油压降低第一点——指测完第一点后，再控制下流阀门，使油压降低（一般降低 0.2 ～ 0.5MPa 即可）；⑨依此测试它三点——指按照测试第一点的方法测试余下的三个点；⑩层段压力水量依——指根据各层段注水量、压力值；⑪全井配注压力点——指根据各层段注水量、压力值，确定全井完成配注时的压力；⑫差层地面调水嘴——指如有相应层段吸水能力差，压力高，与其他层段压力不符时，可卸地面分水器调整相应水嘴，使其达到压力平衡；⑬全井定压再测调——指确定好全井压力值后，进行全井测试；⑭水嘴配置重新调——指如果全井水量不合格，重新调整水嘴配置，直至合格，将测试全井压力、水量、测试时间填入测试成果表；⑮测完下流调水量——指测试完毕后，应将下流阀门调至正常注水量；⑯收工注水正常了——指收拾工具、用具，清理现场，转入正常注水。

3.8.2 地面三管分注井测试操作规程安全提示歌诀

层段配注要求明，启动压力降压法。

水表不走压力值，侧身缓慢开关阀。

3.8.3 地面三管分注井测试操作规程

3.8.3.1 风险提示

扳手脱手碰伤 管钳脱手砸伤 分水器外壳飞出伤人。

3.8.3.2 地面三管分注井测试操作规程表

具体操作顺序、项目、内容等详见表 3.8。

表 3.8　地面三管分注井测试操作规程表

操作顺序	操作步骤、内容、方法及要求	存在风险	风险控制措施	应用辅助工具用具
1	操作前准备			
1.1	按要求和规定穿戴好劳动保护装备			
1.2	了解各层段配注要求和正常注水时的压力和水量			
1.3	井口设备齐全、良好，各阀门开关灵活，井口无渗漏			
1.4	准备好各种水嘴和地面分水器配件			地面分水器全套、不同直径的水嘴
1.5	检查工具用具			管钳子、扳手、呆扳手、加力杠，纸、笔
2	测试操作			
2.1	测启动压力，一般采取降压法，控制下流阀门，用电子水表测时，取水表刚好不走时的压力	扳手脱手碰伤	避开井口阀门丝杠，确认反注阀门安全	扳手
2.2	地面分层注水（也称免投捞分注工艺），首先用扳手关闭油管注水阀门（三管的关闭 II 段、III 段阀门）	扳手脱手碰伤	避开井口阀门丝杠，确认反注阀门安全	扳手
2.3	测试套管(I 段)，根据全井油压，确定 4 个压力点（值），使完成配注时的压力点在第三个点上，（压差一般在 0.2 ~ 0.5MPa 之间即可）正常测试时，把油压调至略高于确定的 4 个压力点的最高压力值	扳手脱手碰伤	避开井口阀门丝杠，确认反注阀门安全	扳手
2.4	利用降压法（新投、转注井用升压法）控制下流阀门，由高压力开始测试（每点 15 分钟）	扳手脱手碰伤	避开井口阀门丝杠，确认反注阀门安全	扳手

操作顺序	操作步骤、内容、方法及要求	存在风险	风险控制措施	应用辅助工具用具
2.5	测完第一点后，再控制下流阀门，使油压降低（压降一般为0.2～0.5MPa即可）；测第二点，照此方法依次测出各点压力，注水量，填入测试原始记录报表中	扳手脱手碰伤	避开井口阀门丝杠，确认反注阀门安全	扳手
2.6	按此方法，相继再把Ⅱ段，Ⅲ段各层吸水情况、压力、注水量等记录报表中			
2.7	根据各层段注水量、压力值，确定全井完成配注时的压力			
2.8	如有相应层段吸水能力差、压力高，与其他层段压力不符时，可卸地面分水器调整相应水嘴，使其达到压力平衡	管钳脱手碰伤，分水器外壳飞出伤人	不要正对分水器外壳，确保人身安全	管钳子、加力杠
2.9	确定好全井压力值后，进行全井测试（降压法同2.4）如全井水量不合格，重新调整水嘴配置，直至合格，将测试全井压力、水量、测试时间填入测试成果表	扳手脱手碰伤	避开井口阀门丝杠，确认反注阀门安全	
3.0	测试结束			
3.1	测试完毕后，应将下流阀门调至正常注水量，转入正常注水	扳手脱手碰伤	避开井口阀门丝杠，确认反注阀门安全	
3.2	收拾工具、用具			管钳子、扳手、呆扳手、加力杠，纸、笔

3.8.3.3 应急处置程序

（1）发生扳手脱手碰伤时，现场视伤势情况对受伤人员进行紧急包扎处理；如伤势过重，立即通知队里并拨打120求救。

（2）发生管钳脱手碰伤时，现场视伤势情况对受伤人员进行紧急包扎处理；如伤势过重，立即通知队里并拨打 120 求救。

（3）发生分水器外壳飞出伤人时，现场视伤势情况对受伤人员进行紧急包扎处理；如伤势严重，应立即通知队里并拨打 120 求救。

3.9　分注井油管内刮蜡操作

3.9.1　分注井油管内刮蜡操作规程记忆歌诀

工具设备和仪器，完好灵活要查检。

上风二十①试井车，上方没有高压线。

装防喷管打绳结，刮蜡器连加重杆②。

仪器串入防喷管③，紧丝计数细查看④。

归零拔出手摇把⑤，测试阀开侧身缓。

管内压力平衡后⑥，测试阀开启完全⑦。

松开刹车控速度⑧，仪器匀速下放缓。

结蜡井段往复下⑨，起下无阻仪器串⑩。

百米减速二十摇⑪，仪器串入防喷管。

刹车⑫测阀关三二⑬，松开刹车探闸板

欲想关闭测试阀⑭，确认全进防喷管⑮。

卸防喷管取仪器，收工清场刮蜡完。

注释：①上风二十：上风——指试井车要停在井口的上风方向；二十——指试井车要停在距离井口 20m 左右的地方；②刮蜡器连加重杆——指绳帽连接加重杆、刮蜡器；③仪器串入防喷管——指将仪器串装入防喷管；④紧丝计数细查看：紧丝——指摇紧钢丝；计数细查看——指在摇紧钢丝的同时查看计数器示值；⑤归零拔出手摇把：归零——指计数器归零；拔出手摇把——指确认摇紧钢丝、计数器归零时将手摇把拔出，防止手摇把伤人；⑥管内压力平衡后——指缓慢打开测试阀门，待防喷管内压力平衡后，再完全打开测试阀门；⑦测试阀开启完全——指待防喷管内压力平衡后，再完全打开测试阀门；⑧松开刹车控速度——指略松开刹车控制好下放速度，确保仪器串匀速下放；⑨结蜡井段往复下——指仪器串缓慢下放到结蜡井段，上起仪器，在结蜡井段反复起下；⑩起下无阻仪器串——指在反复起下过程中没有遇阻现象，上起仪器串；⑪百米减速二十摇：百米减速——指上起时距井口100m时要减速；二十摇——指上起时距井口20m时停车改为手摇，防止仪器撞防喷管造成事故；⑫刹车——指仪器串进入防喷管后，刹车；⑬测试阀关三二——指关测试阀到三分之二程度；⑭预想关闭测试阀——指关闭测试阀前；⑮确认全进防喷管——指关闭测试阀前，必须确认压力计全部进入防喷管后，才能关闭测试阀。

3.9.2　分注井油管内刮蜡操作规程安全提示歌诀

反复起下结蜡段，开关阀门侧身缓。

百米减速二十摇，松开刹车探闸板。

3.9.3　分注井油管内刮蜡操作规程

3.9.3.1　风险提示

高空坠落摔伤、防喷管倒砸伤，钢丝弹回伤人、工具脱手伤人、手摇把伤人、丝杠弹出伤人。

3.9.3.2　分注井油管内刮蜡操作规程表

具体操作顺序、项目、内容等详见表3.9。

表3.9　分注井油管内刮蜡操作规程表

操作顺序	操作步骤、内容、方法及要求	存在风险	风险控制措施	应用辅助工具用具
1	操作前准备			
1.1	按要求和规定穿戴好劳动保护装备			
1.2	检查工具			
2	刮蜡操作			

操作顺序	操作步骤、内容、方法及要求	存在风险	风险控制措施	应用辅助工具用具
2.1	摆放试井车		执行《试井车摆放操作规程》	
2.2	安装井口防喷管	高空坠落摔伤，防喷管倒砸伤	执行《油水井测试安装防喷管操作规程》	扳手、呆扳手、加力杠
2.3	打绳结	钢丝弹回伤人	执行《录井钢丝打绳结操作规程》	手钳
2.4	绳帽连接加重杆、刮蜡器	工具脱手伤人	正确使用工具	专用扳手
2.5	将仪器串装入防喷管	高空坠落摔伤，工具脱手伤人	执行《油水井测试防喷管内装仪器操作规程》	清洁布
2.6	摇紧钢丝，刹车，计数器归零，拔出手摇把	手摇把伤人	将手摇把用后拔出拿掉	
2.7	缓慢打开测试阀门，待防喷管内压力平衡后，再完全打开测试阀门	丝杠弹出伤人	侧身开关	扳手、管钳子
2.8	松开刹车，匀速下放仪器串	钢丝弹回伤人	钢丝两侧严禁站人	
2.9	仪器串缓慢下放至结蜡段，上起仪器，在结蜡段反复起下，起下无遇阻，上起仪器串	钢丝弹回伤人	钢丝两侧严禁站人	
2.10	距井口150m处减速上提，20m处停车手摇，把将仪器串提至防喷管内，刹紧刹车	钢丝弹回伤人	钢丝两侧严禁站人	
2.11	关测试阀门的三分之二，松开刹车，缓慢下放仪器串探闸板；确认仪器串全部进入防喷管后，关闭测试阀门	丝杠弹出伤人	侧身开关	扳手、管钳子
2.12	防喷管内取出仪器串	高空坠落摔伤，工具脱手伤人	执行《油水井测试防喷管内取仪器操作规程》	清洁布
2.13	拆卸井口防喷管	高空坠落摔伤，防喷管倒砸伤	执行《油水井测试拆防喷管操作规程》	扳手、呆扳手、加力杠
3	收拾现场			

3.9.3.3 应急处置程序

（1）发生高空坠落摔伤时，现场视伤势情况对受伤人员进行紧急处理；如伤势过重，立即通知队里并拨打120求救。

（2）发生防喷管倒砸伤时，现场视伤势情况对受伤人员进行紧急处理；如伤势过重，立即通知队里并拨打120求救。

（3）发生丝杠弹出伤人时，现场视伤势情况对受伤人员进行紧急处理；如伤势过重，立即通知队里并拨打120求救。

（4）发生手摇把伤人时，现场视伤势情况对受伤人员进行紧急处理；如伤势过重，立即通知队里并拨打120求救。

3.10 油水井测试防喷管内装仪器操作

3.10.1 油水井测试防喷管内装仪器操作规程记忆歌诀

> 防喷管装工具查，台上①滑轮角度调②。
>
> 地面③传递仪器串④，台上仪器方向调⑤。
>
> 仪器串入防喷管⑥，钢丝挂在滑轮槽。
>
> 地面钢丝要拉紧⑦，先紧后松缓慢好⑧。
>
> 仪器串下防喷管⑨，台上丝堵滑轮调⑩。
>
> 收工清场泄压阀⑪，平稳操作要记牢。

注释：①台上——指平台上操作人员；②滑轮角度调——指平台上操作人员调整滑轮角度；③地面——指地面操作人员；④传递仪器串——指地面操作人员将组合好的仪器串和丝堵传递到平台上操作人员；⑤台上仪器方向调——指平台上操作人员合理握住仪器串部位，调整仪器串方向；⑥仪器串入防喷管——指平台上操作人员将仪器串平稳放入防喷管内；⑦地面钢丝要拉紧——指地面操作人员拉紧钢丝；⑧先紧后松缓慢好——指地面操作人员先拉紧钢丝，再缓慢松钢丝；⑨仪器串下防喷管——指地面操作人员缓慢松钢丝，将仪器串下到防喷管底部；⑩台上人员丝堵滑轮调——指平台上操作人员将丝堵紧固，调整滑轮；⑪收工清场泄压阀：收工清场——指收拾工具，清理现场；泄压阀——指关闭防喷管上泄压阀。

3.10.2 油水井测试防喷管内装仪器操作规程安全提示歌诀

抓牢松手传仪器，抓握合理方向调。

手离滑轮拉钢丝，紧固丝堵工具掉。

3.10.3 油水井测试防喷管内装仪器操作规程

3.10.3.1 风险提示

高空坠落摔伤、工具脱手砸伤，手夹伤，胳膊、腰部扭伤，扳手脱手碰伤。

3.10.3.2 油水井测试防喷管内装仪器操作规程表

具体操作顺序、项目、内容等详见表 3.10。

表 3.10 油水井测试防喷管内装仪器操作规程表

操作顺序	操作步骤、内容、方法及要求	存在风险	风险控制措施	应用辅助工具用具
1	操作前准备			
1.1	按要求和规定穿戴好劳动保护装备			
1.2	检查工具			
1.3	安装防喷管	工具脱手砸伤，高空坠落摔伤	执行《油水井测试安装防喷管操作规程》	管钳子、扳手、加力杠
2	防喷管内装仪器			
2.1	平台上操作人员调整滑轮角度	手夹伤	调整滑轮时握紧滑轮支架上部	
2.2	地面操作人员将组合好的仪器串和丝堵传递平台上给操作人员	高空坠落摔伤	防止滑倒，正确使用安全带	
		工具脱手砸伤	确认平台上操作人员抓牢后松手	
2.3	平台上操作人员调整仪器串方向，合理握住仪器串部位	胳膊、腰部扭伤	合理安装操作平台、合理握住仪器串部位	

操作顺序	操作步骤、内容、方法及要求	存在风险	风险控制措施	应用辅助工具用具
2.4	平台上操作人员将仪器串平稳放入防喷管内，同时将钢丝排在钢丝槽内，地面操作人员拉紧钢丝	手夹伤	确认平台上操作人员手离开滑轮后再拉紧钢丝	
2.5	地面操作人员缓慢松钢丝，将仪器串下到防喷管底部			
2.6	平台上操作人员将丝堵紧固	工具脱手砸伤	正确使用工具	扳手、呆扳手
2.7	平台上操作人员调整滑轮			
3	关闭防喷管上泄压阀			
4	收拾工具			

3.10.3.3 应急处置程序

（1）发生高空坠落摔伤时，现场视伤势情况对受伤人员进行紧急处理；如伤势过重，立即通知队里并拨打120求救。

（2）发生仪器串脱手砸伤时，现场视伤势情况对受伤人员进行紧急包扎处理；如伤势过重，立即通知队里并拨打120求救。

（3）发生脚下滑摔伤时，现场立即救治；如伤势过重，立即通知队里并拨打120求救。

（4）发生扳手脱手碰伤时，现场视伤势情况对受伤人员进行紧急包扎处理；如伤势过重，立即通知队里并拨打120求救。

3.11 油水井测试防喷管内取仪器操作

3.11.1 油水井测试防喷管内取仪器操作规程记忆歌诀

台上系好安全带[①]，丝堵拧下滑轮调[②]。

地面缓慢拉钢丝③，仪器串入喷管好。

上抓绳帽松钢丝④，取出仪器提抓牢。

仪器放在平台上，便于操作方向调。

仪器传到地面人，松手之前定抓牢。

滑倒坠落下地防⑤，必须确认脚踩牢。

　　注释：①台上系好安全带——指平台上操作人员要系牢安全带；②丝堵拧下滑轮调：丝堵拧下——指平台上操作人员将丝堵拧下；滑轮调——指调整滑轮角度；③地面缓慢拉钢丝——指地面操作人员缓慢拉紧钢丝，将仪器串拉到防喷管顶部；④上抓绳帽松钢丝——指平台操作人员抓住绳帽，松开钢丝；⑤滑倒坠落下地防——指平台操作人员从平台下到地面的过程中脚要踩牢，预防滑倒和坠落。

3.11.2　油水井测试防喷管内取仪器操作规程安全提示歌诀

扎好系牢安全带，抓握支架滑轮调。

传递仪器手抓牢，落地抓住脚踩牢。

3.11.3　油水井测试防喷管内取仪器操作规程

3.11.3.1　风险提示

高空坠落摔伤、脚下滑倒摔伤、扳手脱手碰伤、手夹伤、胳膊扭伤、腰部扭伤，仪器脱手砸伤。

3.11.3.2　油水井测试防喷管内取仪器操作规程表

具体操作顺序、项目、内容等详见表3.11。

表 3.11　油水井测试防喷管内取仪器操作规程表

操作顺序	操作步骤、内容、方法及要求	存在风险	风险控制措施	应用辅助工具用具
1	操作前准备			
1.1	按要求和规定穿戴好劳动保护装备			

操作 顺序	操作步骤、内容、 方法及要求	存在风险	风险控制措施	应用辅助 工具用具
1.2	检查工具			
2	防喷管取仪器			
2.1	将防喷管泄压阀打 开，泄压			
2.2	站在操作平台上， 系好安全带	脚下滑倒摔伤， 高空坠落摔伤	正确使用安全带	
2.3	将丝堵拧下	扳手脱手碰伤	正确使用工具	扳手、呆扳手
2.4	调整滑轮角度	手夹伤	调整滑轮时握紧滑轮支 架上部	
2.5	地面操作人员缓慢 拉紧钢丝，将仪器 串拉到防喷管顶部			
2.6	平台操作人员抓住 绳帽、松开钢丝， 双手握住仪器串合 适位置，上提并取 出	胳膊、腰部扭伤 仪器脱手砸伤	合理握住仪器串部位 将仪器串擦拭干净	 清洁布
2.7	平台操作人员将仪 器串放在操作平台 上，调整仪器串方 向，以便于操作	仪器脱手砸伤	平稳操作	
2.8	将仪器串传递给地 面操作人员	仪器脱手砸伤	确认地面操作人员抓牢 后松手	
3	平稳下到地面	高空坠落摔伤， 脚下滑倒摔伤	防止滑倒。手把住，脚 踩牢，保持身体平衡	
			保持工具用具无油污、 手把住，脚踩牢，保持 身体平衡	
4	收拾工具			

3.11.3.3 应急处置程序

（1）发生高空坠落摔伤时，现场视伤势情况对受伤人员进行紧急处理；如伤势过重，立即通知队里并拨打 120 求救。

（2）发生仪器串脱手砸伤时，现场视伤势情况对受伤人员进行紧急包扎处理；如伤势过重，立即通知队里并拨打 120 求救。

（3）发生脚下滑摔伤时，现场立即救治；如伤势过重，立即通知队里并拨打 120 求救。

（4）发生扳手脱手碰伤时，现场视伤势情况对受伤人员进行紧急包扎处理；如伤势过重，立即通知队里并拨打 120 求救。

3.12 测试防喷管丝堵加密封填料操作

3.12.1 测试防喷管丝堵加密封填料操作规程记忆歌诀

剪断绳结松压帽①，抠出钢丝卸压帽②。

取出盘根穿压帽③，丝堵盘根和绳帽④。

注润滑脂紧压帽⑤，重打绳结松紧调⑥。

注释：①剪断绳结松压帽——指剪断绳结，松开压帽；②抠出钢丝卸压帽——指抠出钢丝卸下丝堵盘根压帽；③取出盘根穿压帽——指取出旧密封圈，将钢丝穿过压帽；④丝堵盘根和绳帽——指加新密封圈、丝堵、绳帽；⑤注润滑脂紧压帽——指注入润滑脂，紧固压帽；⑥重打绳结松紧调——指重新打绳结，调整钢丝松紧度。

3.12.2 测试防喷管丝堵加密封填料操作规程安全提示歌诀

钢丝伤人剪绳结，抠出钢丝防反弹。

过紧使用防落掉，钢丝打结防反弹。

3.12.3 测试防喷管丝堵加密封填料操作规程

3.12.3.1 风险提示

钢丝反弹伤人、工具伤人。

3.12.3.2 测试防喷管丝堵加密封填料操作规程表

具体操作顺序、项目、内容等详见表 3.12。

表 3.12 测试防喷管丝堵加密封填料操作规程表

操作顺序	操作步骤、内容、方法及要求	存在风险	风险控制措施	应用辅助工具用具
1	操作前准备			
1.1	按要求和规定穿戴好劳动保护装备			
1.2	检查工具			管钳子、活动扳手，呆扳手、一字改锥
2	加密封填料			
2.1	剪断绳结	钢丝头伤人	平稳操作	手钳
2.2	松开压帽，捹出钢丝	钢丝反弹伤人	平稳操作	活动扳手、呆扳手
2.3	卸下丝堵盘根压帽			活动扳手、呆扳手
2.4	取出旧密封圈	工具伤人	正确使用工具	一字改锥
2.5	将钢丝穿过压帽			手钳 清洁布
2.6	加新密封圈、丝堵、绳帽	工具伤人	正确使用工具	一字改锥
2.7	注入润滑脂			
2.8	紧固压帽，调整松紧度			活动扳手、呆扳手
3	重新打绳结	钢丝反弹伤人	执行《录井钢丝打绳结操作规程》	手钳、清洁布
4	收拾工具，清理现场			管钳子、活动扳手，呆扳手、一字改锥

3.12.3.3 应急处置程序

（1）发生钢丝反弹伤人时，现场视伤势情况对受伤人员进行紧急处理；如伤势过重，立即通知队里并拨打 120 求救。

（2）发生工具伤人时，现场视伤势情况对受伤人员进行紧急处理；如伤势过重，立即通知队里并拨打 120 求救。

3.13 油水井测试安装防喷管操作

3.13.1 油水井测试安装防喷管操作规程记忆歌诀

螺纹刷净无损坏①，搬到井口细查检。

拧紧关闭泄压阀，扶梯稳固注水管②。

站稳扶梯安全带③，测试阀上放钢圈。

测试阀立防喷管④，两侧卡瓦扣装安⑤。

紧固卡瓦两螺栓，操作平台防喷管⑥。

站在平台安全带⑦，滑轮传递平台安⑧。

注释：①螺纹刷净无损坏——指将防喷管从车内搬到井口，螺纹刷干净，泄压阀拧紧使之处于关闭状态；②扶梯稳固注水管——指扶梯稳固在井口注水生产管线上；③站稳扶梯安全带——指操作人员两脚在扶梯上站稳，系好安全带；④测试阀立防喷管——指操作人员将防喷管立在井口测试阀上，扶住防喷管；⑤两侧卡瓦扣装安——指扣实一侧卡瓦，安装另一侧卡瓦；⑥操作平台防喷管——指安装防喷管操作平台；⑦站在平台安全带——指操作人员站在平台上要系好安全带；⑧滑轮传递平台安——指地面操作人员将定滑轮传递给平台上操作者，平台上操作者安装好。

3.13.2 油水井测试安装防喷管操作规程安全提示歌诀

抬防喷管防滑脱，扶防喷管防倾倒。

扎好系牢安全带，平台操作防滑倒。

3.13.3 油水井测试安装防喷管操作规程

3.13.3.1 风险提示

高空坠落摔伤，防喷管倒砸伤，脚下滑摔伤，扳手脱手碰伤。

3.13.3.2 油水井测试安装防喷管操作规程表

具体操作顺序、项目、内容等详见表3.13。

表3.13 油水井测试安装防喷管操作规程表

操作顺序	操作步骤、内容、方法及要求	存在风险	风险控制措施	应用辅助工具用具
1	操作前准备			
1.1	按要求和规定穿戴好劳动保护装备			
1.2	检查工具			管钳子、刷子、扳手、呆扳手、加力杠
1.3	将防喷管从车内搬至井口	脚下滑摔倒砸伤、运送过程中脱手砸伤	选择合适路面，手套和防喷管清洁无油污	
1.4	检查防喷管	螺纹脏、螺纹损坏易刺水伤人、泄压阀松动刺水飞出伤人、泄压阀关闭不严刺水	螺纹刷干净，泄压阀拧紧，处于关闭状态	刷子、扳手
2	安装防喷管			
2.1	扶梯稳固在注水井生产管线上	脚下滑摔倒、摔伤、碰伤	确认工作台清洁	
2.2	两脚在扶梯上站稳，系好安全带	脚下滑摔倒、摔伤、碰伤	避开井口阀门丝杠、确认反注阀门安全	
2.3	将钢圈放在测试阀门上			
2.4	将防喷管搭到生产管线上	脚下滑摔倒、摔伤、碰伤	确认工作台清洁	
2.5	将防喷管立在井口测试阀门上，扶住防喷管	防喷管倒砸伤，泄压阀飞出伤车伤人	手套和防喷管清洁无油污，监护人监护到位	
			防喷管泄压阀朝向不能正对人和测试车辆	
2.6	扣实一侧卡瓦	卡瓦扣不实掉下伤人	安装卡瓦两个人操作及时穿上螺栓	扳手、加力杠
2.7	安装另一侧卡瓦	卡瓦扣不实掉下伤人	安装卡瓦两个人操作及时穿上螺栓	

操作顺序	操作步骤、内容、方法及要求	存在风险	风险控制措施	应用辅助工具用具
2.8	将卡瓦螺栓带好	防喷管倒砸伤	卡瓦螺栓紧固牢靠之前扶住防喷管	
2.9	紧固卡瓦螺栓	扳手、加力杠脱手碰伤	正确使用工具	扳手、呆扳手、加力杠
			平稳操作	
2.10	安装防喷管操作平台	脱手砸伤	手套和操作平台清洁、无油污	
2.11	站在操作平台上、系好安全带	高空坠落摔伤	防止滑倒，正确使用安全带	
2.12	将定滑轮传递给平台上操作者	脱手砸伤	手套和测试滑轮清洁、无油污	
2.13	安装测试滑轮	脱手砸伤	手套和测试滑轮清洁、无油污	
3	收拾工具			管钳子、刷了、扳手、呆扳手、加力杠

3.13.3.3 应急处置程序

（1）发生高空坠落摔伤时，现场视伤势情况对受伤人员进行紧急包扎处理；如伤势过重，立即通知队里并拨打120求救。

（2）发生防喷管砸伤时，现场视伤势情况对受伤人员进行紧急包扎处理；如伤势过重，立即通知队里并拨打120求救。

（3）发生脚下滑摔伤时，现场立即救治；如伤势过重，立即通知队里并拨打120求救。

（4）发生扳手脱手碰伤时，现场视伤势情况对受伤人员进行紧急包扎处理；如伤势过重，立即通知队里并拨打120求救。

3.14 油水井测试拆防喷管操作

3.14.1 油水井测试拆防喷管操作规程记忆歌诀

台上系好安全带[①]，取下滑轮传地面。

下前摘下安全带②，下梯抓牢踩稳站③。

操作平台卸下来，卸松螺丝放水管④。

卸下卡瓦扶稳管⑤，正注管线防喷管⑥。

落地擦净放车内⑦，收工清场操作完。

注释：①台上系好安全带——指操作人员站在操作平台上，系好安全带；②下前摘下安全带——指平台上操作人员下来前摘下安全带；③下梯抓牢踩稳站——指平台上操作人员下来时两脚在扶梯上站稳，两手抓牢扶梯；④卸松螺丝放水管——指卸松防喷管卡瓦螺丝，将防喷管内的水放出；⑤卸下卡瓦扶稳管——指卸下卡瓦，在卸卡瓦时要扶稳防喷管，预防其倒下伤人；⑥正注管线防喷管——指将卸下的防喷管放在正注管线上；⑦落地擦净放车内——指将取下的防喷管放置于地面的工具垫上，擦干净后放入车内。

3.14.2 油水井测试拆防喷管操作规程安全提示歌诀

安全带，要系牢，平台防坠防滑倒。

下梯站稳手抓牢，卸下卡瓦防倾倒。

3.14.3 油水井测试拆防喷管操作规程

3.14.3.1 风险提示

高空坠落摔伤，防喷管倒砸伤，脚下滑倒摔伤，工具脱手碰伤。

3.14.3.2 油水井测试拆防喷管操作规程表

具体操作顺序、项目、内容等详见表3.14。

表3.14 油水井测试拆防喷管操作规程表

操作顺序	操作步骤、内容、方法及要求	存在风险	风险控制措施	应用辅助工具用具
1	操作前准备			
1.1	按要求和规定穿戴好劳动保护装备			

操作顺序	操作步骤、内容、方法及要求	存在风险	风险控制措施	应用辅助工具用具
1.2	检查工具			扳手、呆扳手、加力杠
2	拆卸防喷管			
2.1	站在操作平台上，系好安全带	脚下滑倒摔伤，高空坠落摔伤	正确使用安全带	
2.2	取下测试滑轮，并传递到地面	工具脱手伤人	传递时要平稳操作	
2.3	摘卜安全带	高空坠落摔伤	脚站稳，手把住防喷管	
2.4	下来两脚在扶梯上站稳，两手握紧扶梯	脚下滑摔倒摔伤	避开井口阀门丝杠，确认扶梯牢固安全	
2.5	卸下操作平台	工具脱手碰伤	手套和操作平台清洁、无油污	
2.6	卸松卡瓦螺丝，将管内水放出	工具脱手碰伤	平稳操作	扳手、呆扳手、加力杠
2.7	卸下卡瓦，将防喷管放在正注管线上	防喷管倒砸伤	松开卡瓦螺栓前扶住防喷管	
2.8	将防喷管放在工具垫上擦干净后放入车内	防喷管倒砸伤	平稳操作	
3	收拾工具			扳手、呆扳手、加力杠

3.14.3.3 应急处置程序

（1）发生高空坠落摔伤时，现场视伤势情况对受伤人员进行紧急处理；如伤势过重，立即通知队里并拨打120求救。

（2）发生防喷管砸伤时，现场视伤势情况对受伤人员进行紧急处理；如伤势过重，立即通知队里并拨打120求救。

（3）发生脚下滑摔伤时，现场立即救治；如伤势过重，立即通知队里并拨打120求救。

（4）发生扳手脱手碰伤时，现场视伤势情况对受伤人员进行紧急包扎处理；如伤势过重，立即通知队里并拨打 120 求救。

3.15 分注井油管内通井操作

3.15.1 分注井油管内通井操作规程记忆歌诀

上风二十试井车，上方没有高压线。

井口安装防喷管，绳结绳帽加重杆①。

加重杆入防喷管②，紧丝计数细查看。

归零拔出手摇把，测试阀开侧身缓。

管内压力平衡后，测试阀开启完全。

松开刹车再次刹③，匀速下放加重杆。

遇阻位置上下窜④，适当增加加重杆⑤。

上起工具过一封⑥，五十匀速保安全⑦。

百五减速二十摇⑧，工具串提防喷管⑨。

刹车测阀关三二，松开刹车探闸板。

欲想关闭测试阀，确认全进防喷管。

取仪器卸防喷管，收工清场作业完。

注释：①绳结绳帽加重杆——指打绳结、绳帽连接加重杆；②加重杆入防喷管——指将加重杆串装入防喷管；③松开刹车再次刹——指先稍松开刹车，在虚带刹车使之处于既松又刹车的状态，保持加重杆串匀速下放；④遇阻位置上下窜——指匀速下放加重杆串到遇阻位置，反复上下窜动；⑤适当增加加重杆——指根据现场情况，如果质量不够，把通井工具起出来，再安装加重杆，然后重复之前的操作；⑥上起工具过一封——指上提工具串时超过一封；⑦五十匀速保安全——指上提工具串时超过一封以上 50m 匀速上提，并恢复正常注水；⑧百五减速二十摇——指上提工具串距井口 150m 时减速，到距井口 20m 时停车手摇；⑨工具串提防喷管——指将工具串提到防喷管内。

3.15.2 分注井油管内通井操作规程安全提示歌诀

上起一封过五十，正常注水匀速缓。

百五减速二十摇，工具提入防喷管。

3.15.3 分注井油管内通井操作规程

3.15.3.1 风险提示

高空坠落摔伤，防喷管倒砸伤，钢丝弹回伤人，工具脱手伤人，手摇把伤人，丝杠弹出伤人，脚下滑碰伤。

3.15.3.2 分注井油管内通井操作规程表

具体操作顺序、项目、内容等详见表3.15。

表 3.15 分注井油管内通井操作规程表

操作顺序	操作步骤、内容、方法及要求	存在风险	风险控制措施	应用辅助工具用具
1	操作前准备			
1.1	按要求和规定穿戴好劳动保护装备			
1.2	检查工具			扳手、呆扳手、加力杠、手钳、管钳子、一字改锥
2	井下通井			
2.1	摆放试井车		执行《试井车摆放操作规程》	
2.2	安装井口防喷管	高空坠落摔伤，防喷管倒砸伤	执行《油水井测试安装防喷管操作规程》	扳手、呆扳手、加力杠
2.3	打绳结	钢丝弹回伤人	执行《录井钢丝打绳结操作规程》	手钳
2.4	绳帽连接加重杆	工具脱手伤人	正确使用工具	管钳子、一字改锥

操作顺序	操作步骤、内容、方法及要求	存在风险	风险控制措施	应用辅助工具用具
2.5	将加重杆串装入防喷管	高空坠落摔伤，工具脱手砸伤	执行《油水井测试防喷管内装仪器操作规程》	清洁布
2.6	摇紧钢丝，刹车，计数器归零，拔出手摇把	手摇把伤人	将手摇把用后拔出拿掉	
2.7	缓慢打开测试阀门，待防喷管内压力平衡后，再完全打开测试阀门	丝杠弹出伤人	侧身开关	扳手、管钳子
2.8	松开刹车，匀速下放加重杆至遇阻位置，反复上下串动；根据现场情况适当加加重杆（如质量不够则通井工具起出来再安装加重杆，然后重复执行2.5操作继续通井）	钢丝弹回伤人	钢丝两侧严禁站人	
2.9	上提工具时，超过一封以上50m匀速上提，恢复正常注水，距井口150m处减速，20m处停车手摇，将工具串提至防喷管内，刹紧刹车	钢丝弹回伤人	钢丝两侧严禁站人	
2.10	关测试阀门的三分之二，松开刹车缓慢下放仪器探闸板；确认加重杆串全部进入防喷管后，关闭测试阀门	丝杠弹回伤人	侧身开关	扳手、管钳子
2.11	防喷管内取出工具	高空坠落摔伤，工具脱手伤人	执行《油水井测试防喷管内取仪器操作规程》	清洁布
2.12	拆卸井口防喷管	脚下滑碰伤，高空坠落摔伤，防喷管倒砸伤	执行《油水井测试拆防喷管操作规程》	扳手、呆扳手、加力杠
3	收拾现场			

3.15.3.3 应急处置程序

（1）发生高空坠落摔伤时，现场视伤势情况对受伤人员进行紧急处理；如伤势过重，立即通知队里并拨打120求救。

（2）发生防喷管倒砸伤时，现场视伤势情况对受伤人员进行紧急处理；如伤势过重，立即通知队里并拨打 120 求救。

（3）发生丝杠弹出伤人时，现场视伤势情况对受伤人员进行紧急处理；如伤势过重，立即通知队里并拨打 120 求救。

（4）发生手摇把伤人时，现场视伤势情况对受伤人员进行紧急处理；如伤势过重，立即通知队里并拨打 120 求救。

3.16 更换高压水表芯子操作

3.16.1 更换高压水表芯子操作规程记忆歌诀

上流阀门缓慢关，单井间关注水阀①。

多井间关下流阀②，泄压打开放空阀③。

拆掉表头和压盖，水表芯子往出拿。

装前套上密封圈④，水表芯子型号查⑤。

装上压盖对角紧⑥，装上表头铅封加⑦。

放空阀关注水开⑧，多井间开下流阀⑨。

注释：①单井间关注水阀——指单井配水间的注水井，要关闭注水阀；②多井间关下流阀——指多井配水间的注水井，要关闭下流阀；③泄压打开放空阀——指卸压盖螺丝前打开放空阀泄净压力；④装前套上密封圈——指新水表芯子装入前要套上密封圈；⑤水表芯子型号查——指对选用的水表芯子型号进行再次核查，确认新、旧芯子型号一致；⑥装上压盖对角紧——指装上表体压盖，对角上紧固定螺栓；⑦装上表头铅封加——指表头装好后要加上铅封；⑧放空阀关注水开——指单井配水间要先关放空阀再开注水阀；⑨多井间开下流阀——指多井配水间要先关放空阀再开上流阀和下流阀。

3.16.2 更换高压水表芯子操作规程安全提示歌诀

上流阀门缓慢关，泄压打开放空阀。

装前套上密封圈，水表芯子型号查。

3.16.3 更换高压水表芯子操作规程

3.16.3.1 风险提示

丝杠弹出伤人，工具脱手砸伤。

3.16.3.2 更换高压水表芯子操作规程表

具体操作顺序、项目、内容等详见表 3.16。

表 3.16 更换高压水表芯子操作规程表

操作顺序	操作步骤、内容、方法及要求	存在风险	风险控制措施	应用辅助工具用具
1	操作前准备			
1.1	按要求和规定穿戴好劳动保护装备			
1.2	检查工具			扳手、加力杠、钳子、一字改锥
2	更换			
2.1	缓慢关闭上流阀门	丝杠弹出伤人	缓慢关闭上流阀门，侧身开关	加力杠
2.2	缓慢关闭井口注水阀门	丝杠弹出伤人	缓慢关闭下流阀门，侧身开关	加力杠
2.3	打开井口放空阀门，进行泄压	工具脱手砸伤	正确使用工具	扳手、管钳子
2.4	拆掉表头和压盖	工具脱手砸伤	正确使用工具	扳手、加力杠、钳子、一字改锥
2.5	取出旧的水表芯子	工具脱手砸伤	正确使用工具	一字改锥
2.6	对比表芯子型号是否相同，型号相同套上密封圈装上新的水表芯子	工具脱手砸伤	正确使用工具	扳手、呆扳手、加力杠
2.7	装上压盖，对角紧固螺丝	工具脱手砸伤	正确使用工具	扳手、呆扳手、加力杠
2.8	装上表头，加上铅封	工具脱手砸伤	正确使用工具	一字改锥

操作顺序	操作步骤、内容、方法及要求	存在风险	风险控制措施	应用辅助工具用具
2.9	关闭放空阀门，缓慢打开上流阀门，打开井口注水阀门	丝杠弹出伤人	缓慢打开上流阀门、侧身开关	扳手、呆扳手、管钳子
3	收拾现场			扳手、加力杠、管钳子、一字改锥

3.16.3.3 应急处置程序

（1）发生丝杠弹出伤人时，现场视伤势情况对受伤人员进行紧急处理；如伤势过重，立即通知队里并拨打 120 求救。

（2）发生工具脱手砸伤时，现场视伤势情况对受伤人员进行紧急处理；如伤势过重，立即通知队里并拨打 120 求救。

3.17 环空测压滑轮安装操作

3.17.1 环空测压滑轮安装操作规程记忆歌诀

驴头停在上死点，刹车放空开套阀。

偏心丝堵井口卸①，防喷盒上坐支架②。

支架光杆固定牢③，再把钢丝入支架④。

滑轮片挂 U 槽内⑤，此时操作可起下。

注释：①偏心丝堵井口卸——指卸下偏心井口上的偏心丝堵；②防喷盒上坐支架——指将滑轮支架坐在防喷盒上；③支架光杆固定牢——指将滑轮支架坐在防喷盒上，使用销子穿过支架上的螺母，将支架和光杆牢固地固定在一起；④再把钢丝入支架——指把钢丝收入支架内；⑤滑轮片挂槽 U 内——指把滑轮片挂在滑轮支架 U 形槽内。

3.17.2 环控测压滑轮安装操作规程安全提示歌诀

刹车断电开套放，偏心丝堵须卸掉。

防喷盒上坐支架，支架光杆固定牢。

3.17.3 环空测压滑轮安装操作规程

3.17.3.1 风险提示

启停抽油机时必须带好绝缘手套，安装仪器时必须平稳操作，防止工具脱手伤人。

3.17.3.2 环空测压滑轮安装操作规程表

具体操作顺序、项目、内容等详见表 3.17。

表 3.17　环空测压滑轮安装操作规程表

操作顺序	操作步骤、内容、方法及要求	存在风险	风险控制措施	应用辅助工具用具
1	操作前准备			
1.1	按要求和规定穿戴好劳动保护装备			
1.2	检查工具	碰伤	平稳操作	
2	测试滑轮安装操作			
2.1	停抽，驴头停在上死点处，刹车	碰伤、触电	按规程平稳操作	试电笔、绝缘手套
2.2	打开套管阀门放空	碰伤	侧身平稳操作	专用扳手
2.3	卸下偏心井口上的偏心丝堵	工具脱手伤人	正确使用工具	管钳子
2.4	将滑轮支架坐在防喷盒上，使用销子穿过支架上的螺母，将支架和光杆固定在一起	碰伤	按规程平稳操作	
2.5	将录井钢丝收入支架内，然后把滑轮片挂在滑轮支架 U 形槽内，即可进行起下操作	碰伤	按规程平稳操作	

3.17.3.3 应急处置程序

（1）若人员发生碰伤或触电伤害，第一发现人员应立即断电，现场视伤势情况对受伤人员进行紧急包扎处理；如伤势严重，应立即拨打 120 求救。

（2）发生工具脱手伤人时，现场视伤势情况对受伤人员进行紧急包扎处理；如伤势过重，立即通知队里并拨打 120 求救。

3.18　混注注水井测全井指示曲线操作

3.18.1　混注注水井测全井指示曲线操作规程记忆歌诀

读数水表流量计[①]，指针归零压力表。

完成配注瞬时量[②]，三点一线读压表。

水表不走压力值[③]，下流阀控侧身晓。

压力点值定四个[④]，配注压力第三调[⑤]。

压差点二到点五[⑥]，油压调过四点高[⑦]。

每点测试十五分，开始测试四点高[⑧]。

油压降低第一点，其他三点依此找[⑨]。

时间压力注水量，填入注水班报表。

依据资料画曲线，下流阀门正常调[⑩]。

测试时间测试人，收工清场调班报。

注释：①读数水表流量计——指检查水表或流量计读数；②完成配注瞬时量——指把瞬时水量调至刚好完成配注时的流量；③水表不走压力值——指一般采用降压法侧启动压力，控制下流阀，用电子水表测时，取水表刚好不走时的压力；④压力点值定四个——指根据所测井的实际情况，确定 4 个压力点（值）；⑤配注压力第三调——指使完成配注量时压力点，在确定的压力点中的第三点上；⑥压差点二到点五——指确定 4 个压力点（值）的压降一般在 0.2 ～ 0.5MPa 之间即可；⑦油压调过四点高——指正常注水时，首先把油压调至略高于 4 个压力点的最高压力值；⑧开始测试四点高——指调好压力后，利用降压法（新投、转注井用升压法），控制下流阀，由高压力开展测试；⑨油压降低第一点，其他三点依此找——指测完第一点后，再控制下流阀，使油压降低（压降一般在 0.2 ~ 0.5MPa 之间即可），测出第二点，照此方法依次测出各点；⑩下流阀门正常调——指测试完毕后，应将下流阀门调至正常注水量，转入正常注水生产。

3.18.2　混注注水井测全井指示曲线操作规程安全提示歌诀

启动压力降压法，侧身控制下流阀。

四点压差二到五，正常调水下流阀。

3.18.3　混注注水井测全井指示曲线操作规程

3.18.3.1　风险提示

丝杠伤人。

3.18.3.2　混注注水井测全井指示曲线操作规程表

具体操作顺序、项目、内容等详见表 3.18。

表 3.18　混注注水井测全井指示曲线操作规程表

操作顺序	操作步骤、内容、方法及要求	存在风险	风险控制措施	应用辅助工具、用具
1	操作前准备			
1.1	按要求和规定穿戴好劳动保护装备			
1.2	检查工具			纸、笔、管钳、加力杠
2	操作步骤			
2.1	检查压力表指针是否归零，测水表或流量计读数			
2.2	把瞬时水量调至刚好完成配注时的流量，读取其压力值，读值时眼睛视线与表盘垂直，眼睛、指针、刻度三点成一线	丝杠伤人	侧身操作	管钳、加力杠
2.3	测启动压力：一般采用降压法，控制下流阀门，用电子水表测时，取水表刚好不走时的压力	丝杠伤人	侧身操作	管钳、加力杠

操作顺序	操作步骤、内容、方法及要求	存在风险	风险控制措施	应用辅助工具、用具
2.4	根据所测井的实际情况，确定4个压力点（值）。使完成配注量时压力点在第三点上（压降一般在0.2~0.5MPa之间即可）。正常注水时，首先把油压调至略高于确定的4个压力点的最高压力值，然后，利用降压法（新投、转注井用升压法），控制下流阀门，由高压开始测试（每点15分钟）	丝杠伤人	侧身操作	管钳、加力杠
2.5	测完第一点后，再控制下流阀门，使油压降低（压降一般在0.2~0.5MPa之间即可），测出第二点，照此方法依次测出各点填入测试原始记录报表；注水时间、压力、注水量填入注水井班报	丝杠伤人	侧身操作	管钳、加力杠
2.6	根据测试资料绘制该井的注水指示曲线			笔、纸
2.7	测试完毕后，应将下流阀门调至正常注水量，转入正常注水生产	丝杠伤人	侧身操作	管钳、加力杠
2.8	将测试时间、测试人填写在班报上			笔
3	收拾现场			

3.18.3.3　应急处置程序

发生丝杠伤人时，第一发现人员应立即停运致伤设备，现场视伤势情况对受伤人员进行紧急包扎处理；如伤势严重，应立即拨打120求救。

3.19　录井钢丝打绳结操作

3.19.1　录井钢丝打绳结操作规程记忆歌诀

压丝轮压紧钢丝，钢丝绕量轮周一。

绞车拉出二三米[①]，拉细硬伤查仔细[②]。

穿过丝堵和绳帽，脚踩钢丝一五米[③]。

握住钢丝擦净头[④]，钢丝绕环零三米[⑤]。

手钳夹住钢丝环，缠绕圆环根部起⑥。

合格绳结打得好，下四上三缠紧密⑦。

绳结打好折余头⑧，收工清场放车里。

注释：①绞车拉出二三米——指将钢丝从绞车拉出 2 ~ 3m；②拉细硬伤查仔细——指检查钢丝质量，不能有拉细和硬伤等缺陷；③脚踩钢丝一五米——指用脚踩在钢丝 1.5m 左右的地方；④握住钢丝擦净头——指用脚踩在钢丝 1.5m 左右的地方，用手握住钢丝，将钢丝头擦拭干净；⑤钢丝绕环零三米——指距钢丝头 0.3m 处绕环并用手钳修整；⑥手钳夹住钢丝环，缠绕圆环根部起——指一手用手钳夹住钢丝环，另一只手从圆环根部起沿主钢开展缠绕；⑦合格绳结打得好，下四上三缠紧密——指缠绕钢丝按下四上三紧密缠绕，才能打出合格的绳结；⑧绳结打好折余头——指打完绳结后折断余头。

3.19.2 录井钢丝打绳结操作规程安全提示歌诀

钢丝弹力莫伤人，拉细硬伤查仔细。

圆环根部缠绕起，下四上三缠紧密。

3.19.3 录井钢丝打绳结操作规程

3.19.3.1 风险提示

钢丝反弹伤人，手钳夹手。

3.19.3.2 录井钢丝打绳结操作规程表

具体操作顺序、项目、内容等详见表 3.19。

表 3.19 录井钢丝打绳结操作规程表

操作顺序	操作步骤、内容、方法及要求	存在风险	风险控制措施	应用辅助工具用具
1	操作前准备			
1.1	按要求和规定穿戴好劳动保护装备			

操作顺序	操作步骤、内容、方法及要求	存在风险	风险控制措施	应用辅助工具用具
1.2	检查工具			手钳
2	打绳结			
2.1	将钢丝绕量轮一周，压丝轮压紧，从绞车拉出 2～3m	钢丝弹回伤人	钢丝前端打弯用手握紧	
2.2	检查钢丝质量，是否拉细、硬伤			清洁布
2.3	穿过防喷管丝堵及绳帽			
2.4	用脚踩在钢丝 1.5m 左右的地方，用手握住钢丝，并将钢丝头擦拭干净	钢丝头弹回伤人	用脚掌踩牢	手钳、清洁布
2.5	打安全环，并用手钳修整	钢丝反弹伤人	安全环闭合	手钳
2.6	距钢丝头 0.3m 处绕环并用手钳修整	钢丝反弹伤人	安全环闭合	手钳
2.7	一手用手钳夹住钢丝环，另一只手从圆环根部起沿主钢丝按下四上三紧密缠绕打合格绳结	手钳夹手	平稳操作	手钳、清洁布
3	打完绳结后折断余头	钢丝划伤手	平稳操作	手钳
4	收拾现场，将工具放置车内指定位置			

3.19.3.3 应急处置程序

（1）发生钢丝反弹伤人时，现场视伤势情况对受伤人员进行紧急处理；如伤势过重，立即通知队里并拨打 120 求救。

（2）发生手钳夹手时，现场视伤势情况对受伤人员进行紧急包扎处理；如伤势过重，立即通知队里并拨打 120 求救。

3.20 配水器地面试投捞操作

3.20.1 配水器地面试投捞操作规程记忆歌诀

打开配水器包装，打捞头备投捞器[①]。

投捞器入配水器②，取投捞器配水器③。

密封圈查过盈量④，毛刺变形堵塞器⑤。

平稳取下打捞头，压头安装要仔细。

堵塞器安压送头⑥，均匀涂抹润滑剂。

投捞器入配水器⑦，堵塞器入偏孔里⑧。

投捞器进试压机⑨，不渗不漏打压须⑩。

注释：①打捞头备投捞器——指准备投捞器并安装好打捞头；②投捞器入配水器——指将投捞器推入配水器中；③取投捞器堵塞器——指取出投捞器，取下堵塞器；④密封圈查过盈量——指检查密封圈的过盈量，过盈量大易卡井；⑤毛刺变形堵塞器——指检查偏心堵塞器或偏孔加工质量，不能有毛刺、变形、偏心堵塞器凸轮失灵等质量问题；⑥堵塞器安压送头——指将检查合格的堵塞器安装在压送头上，涂抹润滑脂；⑦投捞器入配水器——指将投捞器推入配水器中；⑧堵塞器入偏孔里——指目测察看堵塞器在配水器中的位置，确认堵塞器送入配水器偏孔中；⑨投捞器进试压机——指将配水器放入试压机内进行试压；⑩不渗不漏打压须——指配水器必须放入试压机内进行试压，打压至8MPa，不渗不漏则视为合格。

3.20.2　配水器地面试投捞操作规程安全提示歌诀

推投捞器防磕伤，装压送头莫划伤。

装堵塞器防夹伤，打压机躲避刺伤。

3.20.3　配水器地面试投捞操作规程

3.20.3.1　风险提示

磕伤手、划手、夹伤，打压渗漏伤人。

3.20.3.2　配水器地面试投捞操作规程表

具体操作顺序、项目、内容等详见表3.20。

表 3.20　配水器地面试投捞操作规程表

操作顺序	操作步骤、内容、方法及要求	存在风险	风险控制措施	应用辅助工具用具
1	操作前准备			
1.1	按要求和规定穿戴好劳动保护装备			
1.2	检查工具			一字改锥、手钳
2	地面试投捞			
2.1	将配水器包装打开	划手	平稳操作	
2.2	准备投捞器并安装好打捞头	工具划手	正确使用工具	一字改锥
2.3	将投捞器推入配水器中	磕伤手	平稳操作	
2.4	取出投捞器，取下堵塞器			
2.5	检查堵塞器质量、密封圈和水嘴情况，密封圈过盈量大易卡井，偏心堵塞器或偏心孔加工不规格，有毛刺、变形，偏心堵塞器凸轮失灵等质量问题			手钳
2.6	取下捞头，安装压送头	划伤	平稳操作	一字改锥
2.7	将检查好的堵塞器安装在压送头上，抹上润滑脂	夹伤	平稳操作	
2.8	将投捞器推入配水器中，目测察看堵塞器在配水器中的位置，确认堵塞器送入配水器偏孔中			
2.9	将投捞器取出			
3	将配水器放入试压机，打压至8MPa，不渗不漏则视为合格	打压渗漏伤人	远离试压机	
4	收拾工具			一字改锥、手钳

3.20.3.3　应急处置程序

发生磕手伤人时，现场视伤势情况对受伤人员进行紧急处理；如伤势过重，立即通知队里并拨打 120 求救。

3.21 试井车摆放操作

3.21.1 试井车摆放操作规程记忆歌诀

井场入口警示牌①，无障碍物高压线②。

试井车置上风头③，二十三十井口远④。

丝杠飞出方向避⑤，井口放喷方向反⑥。

绞车滚筒对井口⑦，灭火器位要安全⑧。

注释：①井场入口警示牌——指将警示牌摆放在井场入口处，防止外来人员及车辆闯入测试现场造成人员伤害；②无障碍物高压线——指作业现场不能有障碍物，无高压线通过；③试井车置上风头——指将试井车摆放在井口的上风头；④二十三十井口远——指试井车的摆放位置距离井口 20 ~ 30m；⑤丝杠飞出方向避——指试井车摆放位置要避开井口阀门丝杠飞出方向；⑥井口放喷方向反——指试井车摆放位置避开井口放喷方向；⑦绞车滚筒对井口——指将试井绞车滚筒对准井口；⑧灭火器位要安全——指在井场便于拿取的合适位置放置灭火器。

3.21.2 试井车摆放操作规程安全提示歌诀

车置井口上风头，二十三十井口远。

丝杠放喷方向躲，灭火器材须齐全。

3.21.3 试井车摆放操作规程

3.21.3.1 风险提示

高压触电，丝杠弹出伤人，钢丝折断伤人。

3.21.3.2 试井车摆放操作规程表

具体操作顺序、项目、内容等详见表 3.21。

表 3.21 试井车摆放操作规程表

操作顺序	操作步骤、内容、方法及要求	存在风险	风险控制措施	应用辅助工具用具
1	操作前准备			
1.1	按要求和规定穿戴好劳动保护装备			
1.2	摆放警示牌	外来人员及车辆闯入测试现场造成人员伤害	警示牌应放在井场入口处	
2	试井车摆放			
2.1	观察作业现场有无障碍物,有无高压线通过	高压触电	避开高压线	
2.2	将试井车摆放在上风头	防喷管密封圈刺漏喷到车上影响作业	摆放在上风头	
2.3	停车位置距离井口20～30m,避开井口阀门丝杠飞出方向、放喷方向	钢丝折断伤人,丝杠弹出伤人	试井车关闭车窗,避开丝杠弹出方向	
2.4	将试井绞车滚筒对准井口	滑轮磨钢丝	滑轮与绞车成一直线	
3	摆放灭火器	脚下滑摔倒砸伤、搬过程中脱手砸伤	选择合适路面,保持灭火器清洁无油污	

3.21.3.3 应急处置程序

(1)发生高压触电时,现场视伤势情况对受伤人员进行紧急处理;如伤势过重,立即通知队里并拨打 120 求救。

(2)发生丝杠弹出伤人时,现场视伤势情况对受伤人员进行紧急处理;如伤势过重,立即通知队里并拨打 120 求救。

(3)发生钢丝折断伤人时,现场视伤势情况对受伤人员进行紧急处理;如伤势过重,立即通知队里并拨打 120 求救。

3.22 试井车换钢丝操作

3.22.1 试井车换钢丝操作规程记忆歌诀

合适位置停好车，警示牌位置明显。

松压丝轮抬滑块①，丝杠总成推一边②。

导出钢丝盘绳器③，丝头滚筒紧相连④。

新钢丝放盘绳器⑤，钢丝头滚筒接连⑥。

钢丝绕过计量轮⑦，放下滑块压丝严⑧。

调整计数器归零，钢丝滚筒紧密缠⑨。

丝堵绳结钢丝穿⑩，收工清场更换完。

注释：①松压丝轮抬滑块——指松开压丝轮，将滑块抬起；②丝杠总成推一边——指将往复丝杠总成推向一侧；③导出钢丝盘绳器——指利用盘绳器将滚筒内钢丝导出④丝头滚筒紧相连——指利用盘绳器将滚筒内钢丝导出，将钢丝头与滚筒连接，预防钢丝头从滚筒弹出伤人；⑤新钢丝放盘绳器——指将新钢丝放在盘绳器上；⑥钢丝头滚筒接连——指将钢丝头与滚筒连接，预防钢丝盘脱手砸伤；⑦钢丝绕过计量轮——指将钢丝绕过计量轮；⑧放下滑块压丝严——指压紧压丝轮，放下滑块；⑨钢丝滚筒紧密缠——指用低速挡将新钢丝紧密缠绕到滚筒上；⑩丝堵绳结钢丝穿——指将钢丝头依次穿过防喷丝堵和绳帽，再打绳结。

3.22.2 试井车换钢丝操作规程安全提示歌诀

抬起滑块莫伤手，导出钢丝伤人弹。

放下滑块莫夹手，缠绕钢丝伤人弹。

3.22.3 试井车换钢丝操作规程

3.22.3.1 风险提示

盘绳器倒伤人，设备夹手。

3.22.3.2 试井车换钢丝操作规程表

具体操作顺序、项目、内容等详见表 3.22。

表 3.22 试井车换钢丝操作规程表

操作顺序	操作步骤、内容、方法及要求	存在风险	风险控制措施	应用辅助工具用具
1	操作前准备			
1.1	按要求和规定穿戴好劳动保护装备			
1.2	检查工具			钳子、一字改锥
2	换钢丝			
2.1	将试井车停放在合适位置			
2.2	摆放警示牌	外来人员及车辆闯入操作现场造成人员伤害	警示牌应放在明显位置	
2.3	松开压丝轮，将滑块抬起，往复丝杠总成推向一侧	滑块伤手	戴上防护手套，提高注意力	
2.4	利用盘绳器将滚筒内钢丝导出，将钢丝头与滚筒连接	钢丝盘到最后钢丝头从滚筒弹出伤人	盘到最后几圈用人工手动盘丝	钳子
2.5	将新钢丝放在盘绳器上	钢丝盘脱手砸伤	平稳操作	
2.6	将钢丝头与滚筒连接	钢丝盘脱手砸伤	平稳操作	钳子
2.7	钢丝绕过计量轮，并压紧压丝轮，放下滑块	设备夹手	平稳操作	
2.8	将计数器归零			
2.9	用低速挡将新钢丝紧密缠绕到滚筒上	盘绳器倒伤人	低档匀速缠绕、最后几圈手动盘绕	

操作顺序	操作步骤、内容、方法及要求	存在风险	风险控制措施	应用辅助工具用具
2.10	将钢丝头依次穿过防喷丝堵和绳帽，再打绳结	钢丝绕紧脱手弹伤人	执行《录井钢丝打绳结操作规程》	钳子、一字改锥
3	收拾工具，清理现场			

3.23.3.3 应急处置程序

（1）发生盘绳器倒伤人时，现场视伤势情况对受伤人员进行紧急处理；如伤势过重，立即通知队里并拨打120求救。

（2）发生设备夹手伤人时，现场视伤势情况对受伤人员进行紧急处理；如伤势过重，立即通知队里并拨打120求救。

3.23 试井车换滚筒操作

3.23.1 试井车换滚筒操作规程记忆歌诀

合适位置停车好，警示牌位置明显。

松压丝轮剪钢丝，丝头插入滚筒眼。

手摇座退出尾座，手轮左旋不能反①。

滚筒绞车齿轮合②，计量轮拔限位销。

上抬总成计量轮，滑道推出滚筒缓③。

绞车卸下旧滚筒，新筒抬到车上面④。

抬起总成计量轮，滑道推入滚筒缓⑤。

手摇座顶进尾座，手轮右旋不能反⑥。

滚筒绞车齿轮合，计轮插销限位管⑦。

筒中取出钢丝头，计量轮上一周缠⑧。

随后压紧压丝轮⑨，收工清场更换完。

注释：①手摇座退出尾座，手轮左旋不能反——指左旋手轮，使手摇座退出尾座；②滚筒绞车齿轮合——指左旋手轮，使手摇座退出尾座，并使滚筒与绞车的齿轮严密啮合；③抬起总成计量轮，滑道推出滚筒缓——指将计量轮限位销子拔出，向上抬计量轮总成；将滚筒从绞车中缓慢沿滑道推出；④绞车卸下旧滚筒，新筒抬到车上面——指两人配合将滚筒抬下；两人配合将需要的滚筒抬到绞车上；⑤抬起总成计量轮，滑道推入滚筒缓——指抬起计量轮总成，将滚筒缓慢地推入绞车里；⑥手摇座顶进尾座，手轮右旋不能反——指右旋手轮，使手摇座顶进尾座；⑦滚筒绞车齿轮合，计轮插销限位管；滚筒绞车齿轮合——指右旋手轮，使手摇座顶进尾座，并使滚筒与绞车的齿轮严密啮合；计轮插销限位管——指计量轮插限位销；⑧筒中取出钢丝头，计量轮上一周缠——指将钢丝头从滚筒中取下并在计量轮上缠绕一周；⑨随后压紧压丝轮——指将钢丝头从滚筒中取下并在计量轮上缠绕一周，压紧压丝轮。

3.23.2　试井车换滚筒操作规程安全提示歌诀

抬上抬下两滚筒，切防滚落勿失手。

左旋右旋一手轮，小心谨慎防夹手。

3.23.3　试井车换滚筒操作规程

3.23.3.1　风险提示

外来人员伤害；钢丝反弹伤人，滚筒滚落伤人；滚筒夹手。

3.23.3.2　试井车换滚筒操作规程表

具体操作顺序、项目、内容等详见表3.23。

表3.23　试井车换滚筒操作规程表

操作顺序	操作步骤、内容、方法及要求	存在风险	风险控制措施	应用辅助工具用具
1	操作前准备			
1.1	按要求和规定穿戴好劳动保护装备			

操作顺序	操作步骤、内容、方法及要求	存在风险	风险控制措施	应用辅助工具用具
1.2	检查工具			
2	换滚筒			
2.1	将试井车停放在合适位置			
2.2	摆放警示牌在明显位置	外来人员伤害	警示牌应放在明显位置	
2.3	松开压丝轮，剪断钢丝，将钢丝头插在滚筒一侧的孔眼内	钢丝反弹伤人	握紧钢丝	手钳
2.4	左旋手轮，使手摇座退出尾座，滚筒脱离绞车齿轮			
2.5	将计量轮限位销子拔出，向上抬计量轮总成			
2.6	将滚筒从绞车中缓慢地沿滑道推出	滚筒滚落伤人	扶住滚筒，操作平稳	
2.7	两人配合将滚筒抬下	滚筒滚落伤人	人员配合得当	
2.8	两人配合将需要的滚筒抬到绞车上，抬起计量轮总成，将滚筒缓慢地推入绞车里	滚筒滚落伤人	人员配合得当	
2.9	右旋手轮，使手摇座顶进尾座，并使滚筒与绞车的齿轮严密啮合	滚筒夹手	人员配合得当	
2.10	插入计量轮限位销子			
2.11	将钢丝头从滚筒中取下并在计量轮上缠绕一周，压紧压丝轮			
3	收拾工具、清理现场			

3.23.3.3 应急处置程序

（1）发生滚筒滚落伤人时，现场视伤势情况对受伤人员进行紧急处理；如伤势过重，立即通知队里并拨打120求救。

（2）发生滚筒夹手伤人时，现场视伤势情况对受伤人员进行紧急处理；如伤势过重，立即通知队里并拨打120求救。

3.24 注水井偏心配水管柱打铅模操作

3.24.1 注水井偏心配水管柱打铅模操作规程记忆歌诀

上风二十试井车，上方没有高压线。

装防喷管打绳帽，铅模目标有分辨。

铅模连接投捞器，铅模连接加重杆①。

仪器串入防喷管，紧丝计数细查看。

归零拔出手摇把，测试阀开侧身缓。

管内压力平衡后，测试阀开启完全。

松开刹车控速度，匀速下放仪器串。

连接方式有分别，铅模连接加重杆。

鱼顶上方三五米，快速下放上提缓②。

铅模连接投捞器，配水器为上下限③。

五到十米提放量，先下后提速度缓④。

投捞器入工作筒，遇阻缓提仪器串⑤。

百五减速二十摇，仪器串入防喷管⑥。

刹车测阀关三二，松开刹车探闸板。

欲想关闭测试阀，确认全进防喷管。

取卸仪器防喷管，收工清场打印完。

注释：①铅模连接投捞器，铅模连接加重杆——指按照打铅模目标不同，分别采用加重杆连接铅模和投捞器连接铅模两种方式；②鱼顶上方三五米，快速下放上提缓——指采用加重杆连接铅模方式，在鱼顶上方 3～5m 快速下放一次，遇阻后缓慢上提仪器串；③铅模连接投捞器，配水器为上下限——指采用投捞器连接铅模方式，以配水器为基准确定提放量；④五到十米提放量，先下后提速度缓——指提放量一般 5～10m，缓慢下放至配水器以下 5～10m 后上提至配水器以上 5～10m 下放投捞器；⑤投捞器入工作筒，遇阻缓提仪器串——指将投捞器坐入配水器工作筒，（在上提过程中投捞爪打开，下行时投捞爪遇到配水器遇阻这就说明投捞器进入配水器工作筒了）遇阻后缓慢上提仪器串；⑥百五减速二十摇，仪器串入防喷管——指距井口150m 处减速上提，20m 处将手摇把与滚筒连接，手摇摇把将仪器串提至防喷管内。

3.24.2 注水井偏心配水管柱打铅模操作规程安全提示歌诀

防喷管倾倒伤人，手摇把反转伤人。

钢丝弹回莫伤人，工具脱手也伤人。

3.24.3 注水井偏心配水管柱打铅模操作规程

3.24.3.1 风险提示

高空坠落摔伤，防喷管倒砸伤；钢丝弹回伤人，工具脱手伤人，手摇把伤人，丝杆弹出伤人。

3.24.3.2 注水井偏心配水管柱打铅模操作规程表

具体操作顺序、项目、内容等详见表 3.24。

表 3.24 注水井偏心配水管柱打铅模操作规程表

操作顺序	操作步骤、内容、方法及要求	存在风险	风险控制措施	应用辅助工具用具
1	操作前准备			
1.1	按要求和规定穿戴好劳动保护装备			
1.2	检查工具			扳手、呆扳手、加力杠、手钳、专用扳手

操作顺序	操作步骤、内容、方法及要求	存在风险	风险控制措施	应用辅助工具用具
2	打铅模			
2.1	摆放试井车		执行《试井车摆放操作规程》	
2.2	安装井口防喷管	高空坠落摔伤，防喷管倒砸伤	执行《油水井测试安装防喷管操作规程》	扳手、呆扳手、加力杠
2.3	打绳帽	钢丝弹回伤人	执行《录井钢丝打绳帽操作规程》	手钳
2.4	按照打铅模目标不同，分别采用加重杆连接铅模和投捞器连接铅模两种方式	工具脱手伤人	正确使用工具	专用扳手
2.5	将仪器串装入防喷管	高空坠落摔伤，工具脱手伤人	执行《油水井测试防喷管内装仪器操作规程》	清洁布
2.6	摇紧钢丝，计数器归零，拔出手摇把	手摇把伤人	将手摇把用后拔出拿掉	
2.7	缓慢打开测试阀门，待防喷管内压力平衡后，再完全打开测试阀门	丝杠弹出伤人	缓慢打开测试阀门、侧身开关	扳手、管钳子
2.8	松开刹车，匀速下放仪器串	钢丝弹回伤人	钢丝两侧严禁站人	
2.9	采用加重杆连接铅模方式，在鱼顶上方 3～5m 快速下放一次，遇阻后缓慢上提仪器串，采用投捞器连接铅模方式，缓慢下放至配水器以下 5～10m 后上至配水器以上 5～10m 下放投捞器，将投捞器坐入配水器工作筒（在上提过程中投捞爪打开，下行时投捞爪遇到配水器遇阻这就说明投捞器进入配水器工作筒了）遇阻后缓慢上提仪器串	钢丝弹回伤人	钢丝两侧严禁站人	

操作顺序	操作步骤、内容、方法及要求	存在风险	风险控制措施	应用辅助工具用具
3	距井口150m处减速上提，20m处将手摇把与滚筒连接，手摇摇把将仪器串提至防喷管内，刹紧刹车	钢丝弹回伤人	钢丝两侧严禁站人	
4	关测试阀门的三分之二，松开刹车，缓慢下放仪器串探闸板。确认仪器串全部进入防喷管后，关闭测试阀门	丝杠弹出伤人	缓慢关测试阀门、侧身开关	扳手、管钳子
5	防喷管内取出仪器串	高空坠落摔伤，工具脱手伤人	执行《油水井测试防喷管内取仪器操作规程》	清洁布
6	拆卸井口防喷管	高空坠落摔伤，防喷管倒砸伤	执行《油水井测试拆防喷管操作规程》	扳手、呆扳手、加力杠
7	收拾现场			

3.24.3.3 应急处置程序

（1）发生高空坠落摔伤时，现场视伤势情况对受伤人员进行紧急处理；如伤势过重，立即通知队里并拨打120求救。

（2）发生防喷管倒砸伤时，现场视伤势情况对受伤人员进行紧急处理；如伤势过重，立即通知队里并拨打120求救。

（3）发生丝杠弹出伤人时，现场视伤势情况对受伤人员进行紧急处理；如伤势过重，立即通知队里并拨打120求救。

（4）发生手摇把伤人时，现场视伤势情况对受伤人员进行紧急处理；如伤势过重，立即通知队里并拨打120求救。

3.25 偏心配水管柱分层注水井油管内软打捞操作

3.25.1 偏心配水管柱分层注水井油管内软打捞操作规程记忆歌诀

上风二十试井车，上方没有高压线。

装防喷管打绳结，绳帽连接仪器串。

仪器串入防喷管，紧丝计数细查看。

归零拔出手摇把，测试阀开侧身缓。

管内压力平衡后，测试阀开启完全。

松开刹车控速度，匀速下放仪器串。

根据落物下深度，有无钢丝要分辨①。

钢丝落物看米数，由浅入深捞试探②。

不带钢丝到鱼顶③，绞车力表读数判④。

捕获调整控制阀⑤，上起工具速度缓。

压力超过十兆帕，定滑轮许井口安⑥。

起到井口配合取⑦，收工清场卸喷管。

注释：①根据落物下深度，有无钢丝要分辨——指根据落物不同选择下入深度，试探打捞；打捞前要分辨清楚落物有无钢丝；②钢丝落物看米数，由浅入深捞试探——指落物带钢丝，根据井下钢丝米数，需要由浅入深地试探捞取；③不带钢丝到鱼顶——指落物不带钢丝，打捞仪器串直接下到鱼顶；④绞车力表读数判——指根据绞车压力表读数来判断是否捕获落物；⑤捕获调整控制阀——指确认捕获落物后，及时调整压力控制阀，缓慢上起打捞工具；⑥压力超过十兆帕，定滑轮许井口安——指控制阀压力超过10MPa，需要安装井口定滑轮；⑦起到井口配合取——指打捞工具起至井口后，配合将工具及落物从井内取出。

3.25.2　偏心配水管柱分层注水井油管内软打捞操作规程安全提示歌诀

防喷管倾倒伤人，手摇把反转伤人。

仪器脱手莫伤人，钢丝拔断也伤人。

3.25.3 偏心配水管柱分层注水井油管内软打捞操作规程

3.25.3.1 风险提示

高空坠落摔伤；防喷管倒砸伤，仪器串脱手砸伤；钢丝断伤人，丝杠弹出伤人，手摇把伤人。

3.25.3.2 偏心配水管柱分层注水井油管内软打捞操作规程表

具体操作顺序、项目、内容等详见表 3.25。

表 3.25 偏心配水管柱分层注水井油管内软打捞操作规程表

操作顺序	操作步骤、内容、方法及要求	存在风险	风险控制措施	应用辅助工具用具
1	操作前准备			
1.1	按要求和规定穿戴好劳动保护装备			
1.2	检查工具			扳手、呆扳手、加力杠、手钳、专用扳手、管钳子
2	软打捞操作			
2.1	摆放试井车		执行《试井车摆放操作规程》	
2.2	根据落物长度，选择安装合适的防喷管	高空坠落摔伤，防喷管倒砸伤	执行《油水井测试安装防喷管操作规程》	扳手、呆扳手、加力杠
2.3	打绳结	钢丝弹回伤人	执行《录井钢丝打绳结操作规程》	手钳
2.4	绳帽连接打捞仪器串	工具脱手伤人	正确使用工具	专用扳手
2.5	将仪器串装入防喷管	高空坠落摔伤，仪器脱手砸伤	执行《油水井测试防喷管内装仪器操作规程》	清洁布
2.6	摇紧钢丝，刹车，计数器归零，拔出手摇把	手摇把伤人	将手摇把用后拔出拿掉	
2.7	缓慢打开测试阀门，待防喷管内压力平衡后，再完全打开测试阀门	丝杠弹出伤人	缓慢打开测试阀门，侧身开关	扳手、管钳子

操作顺序	操作步骤、内容、方法及要求	存在风险	风险控制措施	应用辅助工具用具
2.8	松开刹车，匀速下放仪器串，根据落物不同选择下入深度，试探打捞	钢丝伤人	钢丝两侧严禁站人	
2.9	落物带钢丝，根据井下钢丝米数，需要由浅入深试探捞取，落物不带钢丝，打捞仪器串直接下至鱼顶			
2.10	根据绞车压力表读数，确认捕获落物后，及时调整压力控制阀，缓慢上起打捞工具，压力超过10MPa，需安装井口定滑轮	钢丝断伤人，防喷管倒砸伤	钢丝两侧严禁站人	
			井口旁严禁站人	
2.11	打捞工具起至井口后，配合将打捞工具及落物从井内取出	高空坠落摔伤，仪器串脱手砸伤	防止滑倒，手把住，脚踩牢，保持身体平衡	
			将仪器串擦拭干净	清洁布
2.12	拆卸井口防喷管	脚下滑高空坠落摔伤，防喷管倒砸伤	执行《油水井测试拆防喷管操作规程》	扳手、呆扳手、加力杠
3	收拾现场			扳手、呆扳手、加力杠、手钳、专用扳手、管钳子

3.25.3.3 应急处置程序

（1）发生高空坠落摔伤时，现场视伤势情况对受伤人员进行紧急处理；如伤势过重，立即通知队里并拨打120求救。

（2）发生防喷管倒砸伤时，现场视伤势情况对受伤人员进行紧急处理；如伤势过重，立即通知队里并拨打120求救。

（3）发生仪器串脱手砸伤时，现场视伤势情况对受伤人员进行紧急处理；如伤势过重，立即通知队里并拨打120求救。

（4）发生钢丝断伤人时，现场视伤势情况对受伤人员进行紧急处理；如伤势过重，立即通知队里并拨打 120 求救。

（5）发生丝杠弹出伤人时，现场视伤势情况对受伤人员进行紧急处理；如伤势过重，立即通知队里并拨打 120 求救。

3.26　偏心配水管柱注水井井下封隔器验封测试操作

3.26.1　偏心配水管柱注水井井下封隔器验封测试操作规程记忆歌诀

上风二十试井车，上方没有高压线。

装防喷管打绳结，绳帽连接仪器串。

仪器串入防喷管，紧丝计数细查看。

归零拔出手摇把，测试阀开侧身缓。

管内压力平衡后，测试阀开启完全。

松开刹车控速度，匀速下放仪器串。

一封以上五十米，下放速度要缓慢①。

配水器下五到十②，配水器上五十限③。

加大水量下封串，仪器串坐筒里边④。

水间调水成压差⑤，开关开或关开关⑥。

观察压力井口泄⑦，自上而下逐层验。

一封以上五十米⑧，匀速上提仪器串。

百五减速二十摇，仪器串入防喷管。

刹车测阀关三二，松开刹车探闸板。

欲想关闭测试阀，确认全进防喷管。

防喷管内取仪器，资料回放看现场⑨。

扶稳卸下防喷管，收工清场验封完。

注释：①一封以上五十米，下放速度要缓慢——指匀速下放验封仪器串至一封以上 50m 减速；②配水器下五到十——指缓慢下放至需验封层段配水器以下 5～10m；③配水器上五十限——指上提至配水器以上 5～10m；④加大水量下封串，仪器串坐筒里边——指上提至配水器以上 5～10m 后，加大注水量，下放验封串，将验封串坐入配水器工作筒；⑤水间调水成压差——指注水间调整注水量，形成适当压差；⑥开关开或关开关——指采取"关—开—关"或"开—关—开"的方法自下而上地逐层停验；⑦观察压力井口泄——指观察绞车压力变化，井口适当泄压；⑧一封以上五十米，匀速上提仪器串——指上提仪器串时，超过一封以上 50m 匀速上提，恢复正常注水；⑨资料回放看现场——指现场回放察看验封资料，若不合格则重新验封。

3.26.2 偏心配水管柱注水井井下封隔器验封测试操作规程安全提示歌诀

防喷管倾倒伤人，手摇把反转伤人。

仪器脱手莫伤人，钢丝两侧弹伤人。

3.26.3 偏心配水管柱注水井井下封隔器验封测试操作规程

3.26.3.1 风险提示

高空坠落摔伤，防喷管倒砸伤；丝杠弹出伤人，手摇把伤人，高压触电；钢丝弹回伤人，工具脱手伤人。

3.26.3.2 偏心配水管柱注水井井下封隔器验封测试操作规程表

具体操作顺序、项目、内容等详见表 3.26。

表 3.26 偏心配水管柱注水井井下封隔器验封测试操作规程表

操作顺序	操作步骤、内容、方法及要求	存在风险	风险控制措施	应用辅助工具用具
1	操作前准备			
1.1	按要求和规定穿戴好劳动保护装备			

续表

操作顺序	操作步骤、内容、方法及要求	存在风险	风险控制措施	应用辅助工具用具
1.2	检查工具、编程			扳手、呆扳手、加力杠、管钳子、一字改锥、手钳
2	井下封隔器验封测试			
2.1	摆放试井车	高压触电	执行《试井车摆放操作规程》	
2.2	安装井口防喷管	防喷管倒砸伤	执行《油水井测试安装防喷管操作规程》	扳手、呆扳手、加力杠
2.3	打绳结	钢丝弹回伤人	执行《录井钢丝打绳结操作规程》	手钳
2.4	检查仪器	工具脱手伤人	正确使用工具	管钳子、一字改锥
2.5	绳帽连接验封仪器串	工具脱手伤人	正确使用工具	管钳子、一字改锥
2.6	将验封仪器串装入防喷管	高空坠落摔伤，仪器脱手砸伤	执行《油水井测试防喷管内装仪器操作规程》	清洁布
2.7	摇紧钢丝，刹车，计数器归零，拔出手摇把	手摇把伤人	将手摇把用后拔出放到一边	
2.8	缓慢打开测试阀门，待防喷管内压力平衡后，再完全打开测试阀门	丝杠弹出伤人	执行《注水井分层测试开关井口阀门操作规程》	扳手、管钳子
2.9	松开刹车，匀速下放验封仪器串至一封以上50m减速，缓慢下放至需验封层段配水器以下5～10m，上提至配水器以上5～10m后，加大注水量；下放验封仪器串，将验封仪器串坐入配水器工作筒	钢丝伤人	钢丝两侧严禁站人	

操作顺序	操作步骤、内容、方法及要求	存在风险	风险控制措施	应用辅助工具用具
2.10	注水间调整注水量,形成适当压差;采取"关—开—关"或"开—关—开"的方法自下而上逐层停验,观察绞车压力变化,井口适当泄压	丝杠弹出伤人	侧身开关	扳手、管钳子
2.11	上提仪器串时,超过一封以上50m匀速上提,恢复正常注水,距井口150m处减速,20m处停车手摇,将验封仪器串提至防喷管内,刹紧刹车	钢丝伤人	钢丝两侧严禁站人	
2.12	关测试阀门的三分之二,松开刹车缓慢下放仪器探闸板;确认验封仪器串全部进入防喷管后,关闭测试阀门	丝杠弹出伤人	侧身开关	扳手、管钳子
2.13	防喷管内取出验封仪器串	高空坠落摔伤,仪器脱手砸伤	防止滑倒,手把住,脚踩牢,保持身体平衡、正确使用安全带;将仪器串擦拭干净	清洁布
2.14	现场回放资料			
2.15	拆卸井口防喷管	脚下滑高空坠落摔伤,防喷管倒砸伤	执行《油水井测试拆防喷管操作规程》	扳手、呆扳手、加力杠
3	收拾现场			

3.26.3.3 应急处置程序

(1)发生高空坠落摔伤时,现场视伤势情况对受伤人员进行紧急处理;如伤势过重,立即通知队里并拨打 120 求救。

(2)发生防喷管倒砸伤时,现场视伤势情况对受伤人员进行紧急处理;如伤势过重,立即通知队里并拨打 120 求救。

(3)发生丝杠弹出伤人时,现场视伤势情况对受伤人员进行紧急处理;如伤势过重,立即通知队里并拨打 120 求救。

(4) 发生手摇把伤人时，现场视伤势情况对受伤人员进行紧急处理；如伤势过重，立即通知队里并拨打 120 求救。

3.27 偏心配水管柱注水井油管内解卡操作

3.27.1 偏心配水管柱注水井油管内解卡操作规程记忆歌诀

测试滑轮要对准，定滑轮在井口安①。

泄压先关注水阀，泄压阀在防喷管②。

压力调整控制阀，发动机要快运转③。

反复起下又活动，解卡不成别犯难。

拔断钢丝低速挡，钢丝断头滚筒缠④。

搜出钢丝打绳结，绳结连接加重杆。

仪器串入防喷管，紧丝计数细查看。

归零拔出手摇把，测试阀开侧身缓。

管内压力平衡后，测试阀开须完全。

松开刹车控速度，匀速下放仪器串。

探鱼顶用加重杆⑤，钢丝绳帽处砸断⑥。

一封以上五十米，匀速上提仪器串。

百五减速二十摇，仪器串入防喷管。

刹车测阀关三二，松开刹车探闸板。

欲想关闭测试阀，确认全进防喷管。

防喷管内取仪器，再次组合仪器串。

选用卡瓦打捞筒，振荡器连加重杆⑦。

起下程序如前述，捕获落物巧判断⑧。

匀速缓提捞出来，据实分析卡因原⑨。

拆卸井口防喷管，收工清场解卡完。

注释：①测试滑轮要对准，定滑轮在井口安——指安装井口定滑轮，并与测试滑轮对准；②泄压先关注水阀，泄压阀在防喷管——指关注水阀，利用防喷管上泄压阀适当泄压；③压力调整控制阀，发动机要快运转——指调整控制阀压力，加大发动机转速，反复起下活动；④拔断钢丝低速挡，钢丝断头滚筒缠——指解卡不成功，利用低速挡将钢丝拔断，并缠绕到滚筒上；⑤探鱼顶用加重杆——指利用加重杆探鱼顶；⑥钢丝绳帽处砸断——指将钢丝从绳帽出砸断；⑦选用卡瓦打捞筒，振荡器连加重杆——指绳帽连接加重杆、振荡器、卡瓦打捞器；⑧捕获落物巧判断——指根据控制阀压力准确判断是否捕获落物；⑨据实分析卡因缘：指根据实际情况分析卡井原因。

3.27.2　偏心配水管柱注水井油管内解卡操作规程安全提示歌诀

防喷管倾倒伤人，手摇把反转伤人。

钢丝拔断防伤人，工具脱手也伤人。

3.27.3　偏心配水管柱注水井油管内解卡操作规程

3.27.3.1　风险提示

高空坠落摔伤，防喷管倒砸伤，工具脱手砸伤，钢丝断伤人，丝杠弹出伤人，手摇把伤人。

3.27.3.2　偏心配水管柱注水井油管内解卡操作规程表

具体操作顺序、项目、内容等详见表3.27。

表3.27　偏心配水管柱注水井油管内解卡操作规程表

操作顺序	操作步骤、内容、方法及要求	存在风险	风险控制措施	应用辅助工具用具
1	操作前准备			
1.1	按要求和规定穿戴好劳动保护装备			
1.2	检查工具			

操作顺序	操作步骤、内容、方法及要求	存在风险	风险控制措施	应用辅助工具用具
2	常规解卡操作			
2.1	安装井口定滑轮，并与测试滑轮对准			扳手
2.2	关闭注水阀门，利用防喷管上泄压阀适当泄压	丝杠弹出伤人	开关阀门时侧身	扳手、管钳子
2.3	调整控制阀压力，加大发动机转速，反复起下活动井下工具			
2.4	解卡不成功，利用低速挡将钢丝拔断，并缠绕到滚筒上	钢丝断伤人	钢丝两侧严禁站人	
2.5	打绳结，绳结连接加重杆	钢丝断伤人	执行《录井钢丝打绳结操作规程》	
2.6	将仪器串装入防喷管	高空坠落摔伤，工具脱手伤人	执行《油水井测试防喷管内装仪器操作规程》	清洁布
2.7	摇紧钢丝，刹车，计数器归零，拔出手摇把	手摇把伤人	将手摇把用后拔出拿掉	
2.8	缓慢打开测试阀门，待防喷管内压力平衡后，再完全打开测试阀门，松开刹车，匀速下放仪器	丝杠弹出伤人	侧身开关	扳手、管钳子
2.9	利用加重杆探鱼顶，将钢丝从绳帽处砸断			
2.10	缓慢上提仪器超过一封以上50m匀速上提，距井口150m处减速上提，距井口20m处停车手摇，将仪器提至防喷管内，刹紧刹车	手摇把伤人	将手摇把用后拔出拿掉	
2.11	关测试阀门三分之二，松开刹车缓慢下放仪器探闸板；确认仪器全部进入防喷管后，关闭测试阀门	丝杠弹出伤人	侧身开关	扳手、管钳子

操作顺序	操作步骤、内容、方法及要求	存在风险	风险控制措施	应用辅助工具用具
2.12	防喷管内取出仪器	高空坠落摔伤，工具脱手伤人	执行《油水井测试防喷管内取仪器操作规程》	清洁布
2.13	绳帽连接加重杆、振荡器、卡瓦打捞器，执行2.6～2.8操作	工具脱手伤人	正确使用工具	管钳子
2.14	捕获落物后反复振荡，将落物捞出，执行2.10～2.12操作	钢丝断伤人	钢丝两侧严禁站人	
2.15	根据实际情况分析卡井原因			
3	拆卸井口防喷管	高空坠落摔伤，防喷管倒砸伤	执行《油水井测试拆防喷管操作规程》	扳手、呆扳手、加力杆
4	收拾现场			

3.27.3.3 应急处置程序

（1）发生高空坠落摔伤时，现场视伤势情况对受伤人员进行紧急处理；如伤势过重，立即通知队里并拨打120求救。

（2）发生防喷管倒砸伤时，现场视伤势情况对受伤人员进行紧急处理；如伤势过重，立即通知队里并拨打120求救。

（3）发生工具脱手砸伤时，现场视伤势情况对受伤人员进行紧急处理；如伤势过重，立即通知队里并拨打120求救。

（4）发生钢丝断伤人时，现场视伤势情况对受伤人员进行紧急处理；如伤势过重，立即通知队里并拨打120求救。

（5）发生丝杠弹出伤人时，现场视伤势情况对受伤人员进行紧急处理；如伤势过重，立即通知队里并拨打120求救。

（6）发生手摇把伤人时，现场视伤势情况对受伤人员进行紧急处理；如伤势过重，立即通知队里并拨打120求救。

3.28　示功图测试操作（卡光杆式）

3.28.1　示功图测试操作规程（卡光杆式）记忆歌诀

> 驴头停在下死点，刹紧刹车又断电。
>
> 卡紧载荷传感器，连接电缆再送电①。
>
> 开抽运转数冲程，打开主机接电源②。
>
> 输入井号按回车③，测图按下测试键④。
>
> 测试结束存资料，再次停机下死点⑤。
>
> 关闭主机之电源，拔下传感器电缆⑥。
>
> 卸下载荷传感器，收工启抽先送电⑦。

　　注释：①卡紧载荷传感器，连接电缆再送电——指在合适位置卡紧载荷传感器，连接好测试电缆；②开抽运转数冲程，打开主机接电源——指开抽后待运转几个冲程时，打开主机电源开关；③输入井号按回车——指输入井号按下回车键；④测图按下测试键——指按下示功图测试键即可测试；⑤测试结束存资料，再次停机下死点——指测试完示功图保存好资料；第二次把抽油机停在下死点；⑥关闭主机之电源，拔下传感器电缆——指关掉主机电源开关，拔下传感器上的电缆；⑦卸下载荷传感器，收工启抽先送电——指关掉主机电源开关，拔下传感器上的电缆，收回工具，松开刹车，送电开抽。

3.28.2　示功图测试操作规程（卡光杆式）安全提示歌诀

> 断电送电须侧身，预防触电和弧光。
>
> 距离井口一点五，仔细观察防磕伤。

3.28.3　示功图测试操作规程（卡光杆式）

3.28.3.1　卡光杆式示功图测试仪测试操作流程

　　停抽→刹车→将卡式测试仪卡在下卡盘以下光杆合适位置处→连

接好测试电缆→松开刹车→启动抽油机→打开主机电源→输入井名→开始测试→结束后保存并关掉主机电源开关→将驴头停在下死点→刹紧刹车→拔下主机和传感器上的电缆→卸下卡式测试仪→收拾工具→松刹车→送电→开抽。

3.28.3.2 风险提示

启、停抽时要戴绝缘手套并侧身，停抽后必须切断电源；刹车需有专人看护；登高操作时一定注意安全。

3.28.3.3 卡光杆式示功图测试仪测试操作规程表

具体操作顺序、项目、内容等详见表3.28。

表3.28 卡光杆式示功图测试仪测试操作规程表

操作顺序	操作项目、内容、方法及要求	存在风险	风险控制措施	应用辅助工具用具
1	仪器安装			
1.1	停抽，断电	触电、电弧光灼伤	侧身	绝缘手套
1.2	驴头停下死点，刹紧刹车	碰伤	仔细观察	
1.3	在合适位置卡紧载荷传感器			
1.4	连接好测试电缆			
1.5	松开刹车	碰伤	仔细观察	
1.6	启抽	触电、电弧光灼伤	侧身	绝缘手套
2	测试操作			
2.1	待运转几个冲程后，打开主机电源输入井号后按回车键，然后按功图测试键进行示功图测试	碰伤	仔细观察，保持与井口1.5m以上距离	
2.2	测试结束保存资料			
2.3	将驴头停在下死点，刹紧刹车	触电、碰伤或刮伤	带绝缘手套，侧身、站姿准确，手握紧	绝缘手套

操作顺序	操作项目、内容、方法及要求	存在风险	风险控制措施	应用辅助工具用具
2.4	关掉主机电源开关，拔下主机和传感器上的电缆，拆卸下载荷传感器	碰伤	仔细观察	
3	收拾工具			
4	松刹车，送电开抽	电弧光灼伤	侧身送电	绝缘手套

3.28.3.4 应急处置程序

（1）若人员发生机械伤害，第一发现人员应立即停运致伤设备，现场视伤势情况对受伤人员进行紧急包扎处理；如伤势严重，应立即拨打 120 求救。

（2）若人员发生触电事故，第一发现人员应立即切断电源，视触电者伤势情况，采取人工呼吸、胸外心脏挤压等方法现场施救；如伤势严重，应立即拨打 120 求救。

（3）若人员发生物体打击，第一发现人员应立即停运致伤设备，现场视伤势情况对受伤人员进行紧急包扎处理抢救；如伤势严重，应立即拨打 120 求救。

（4）若人员发生高处坠落，第一发现人员应立即停运致伤设备，现场视伤势情况对受伤人员进行紧急包扎处理抢救；如伤势严重，应立即拨打 120 求救。

3.29 示功图测试操作（传感器式）

3.29.1 示功图测试操作规程（传感器式）记忆歌诀

驴头停在下死点，刹紧刹车又断电。

拔传感器防水帽，接电缆挂位移线[①]。

开抽运转数冲程，打开主机接电源[②]。

输入井号按回车[③]，测图按下测试键[④]。

测试结束存资料，再次停机下死点⑤。

关闭主机之电源，拔下传感器电缆。

摘下拉线防水帽，收工启抽先送电⑥。

注释：①拔传感器防水帽，接电缆挂位移线——指拔下载荷传感器防水帽，连接好测试电缆，挂好位移拉线；②开抽运转数冲程，打开主机接电源——指开抽后待运转几个冲程时，打开主机电源开关；③输入井号按回车——指输入井号按下回车键；④测图按下测试键——指按下示功图测试键即可测试；⑤测试结束存资料，再次停机下死点——指测试完示功图保存好资料，第二次把抽油机停在下死点；⑥摘下拉线防水帽，收工启抽先送电——指摘下位移拉线，拔下固定传感器上测试电缆插头，盖好防水帽，收回工具，松开刹车，送电开抽。

3.29.2 示功图测试操作规程（传感器式）安全提示歌诀

断电送电须侧身，预防触电和弧光。

接电缆挂位移线，拔取水帽防磕伤。

3.29.3 示功图测试操作规程（传感器式）

3.29.3.1 综合测试仪测试操作流程

停抽→刹车→拔下固定传感上的防水帽→连接好测试电缆→挂好位移线→松开刹车→启动抽油机→测试→结束后关掉主机电源开关→拔下主机和传感器上的电缆→盖好箱盖→将驴头停在下死点→刹紧刹车→摘下位移线→拔下固定传感器上测试电缆插头→盖好防水帽→收拾工具→松刹车→送电→开抽

3.29.3.2 风险提示

启、停抽时要戴绝缘手套并侧身，停抽后必须切断电源；刹车需有专人看护；登高操作时一定注意安全；位移线一定要与光杆平行。

3.29.3.3 综合测试仪测试操作规程表

具体操作顺序、项目、内容等详见表3.29。

表 3.29　综合测试仪测试操作规程表

操作顺序	操作项目、内容、方法及要求	存在风险	风险控制措施	应用辅助工具用具
1	仪器安装			
1.1	停抽、断电	触电、电弧光灼伤	侧身	绝缘手套
1.2	驴头停下死点，刹紧刹车	碰伤	仔细观察	
1.3	拔下固定传感上的防水帽			
1.4	连接好测试电缆，挂好位移线			
1.5	松开刹车	碰伤	仔细观察	
1.6	启抽	触电、电弧光灼伤	侧身	绝缘手套
2	测试操作			
2.1	待运转几个冲程后，打开主机输入井号后按回车键，然后按功图测试键进行示功图测试			
2.2	测试结束后按回车键，关掉主机电源开关，拔下主机和传感器上的电缆，盖好箱盖			
2.3	将驴头停在下死点，刹紧刹车	触电、碰伤或刮伤	戴绝缘手套，侧身、站姿准确，手握紧	绝缘手套
2.4	摘下位移线，拔下固定传感器上测试电缆插头，盖好防水帽			
3	收拾工具			
4	松刹车、送电开抽	电弧光灼伤	侧身送电	绝缘手套

3.29.3.4　应急处置程序

（1）若人员发生机械伤害，第一发现人员应立即停运致伤设备，现场视伤势情况对受伤人员进行紧急包扎处理；如伤势严重，应立即拨打 120 求救。

（2）若人员发生触电事故，第一发现人员应立即切断电源，视触电者伤势情况，采取人工呼吸、胸外心脏挤压等方法现场施救；如伤势严重，应立即拨打 120 求救。

（3）若人员发生物体打击，第一发现人员应立即停运致伤设备，现场视伤势情况对受伤人员进行紧急包扎处理抢救；如伤势严重，应立即拨打 120 求救。

（4）若人员发生高处坠落，第一发现人员应立即停运致伤设备，现场视伤势情况对受伤人员进行紧急包扎处理抢救；如伤势严重，应立即拨打 120 求救。

3.30 油井动液面测试操作

3.30.1 油井动液面测试操作规程记忆歌诀

工具用具备齐全，仪器检查不能免。

各项参数设正确，电压走时和电缆①。

方便安全操作处②，稍开套阀侧身缓。

吹出杂物与死油，吹净接头再关严。

连接仪器装好枪，不能漏气须紧严。

输入井号按回车③，测试按下测试键④。

开始测试开套阀，测试结束仔细看。

等到数据存储完，关机拔下液面线。

关闭套阀泄压净，此时卸枪才平安。

检查套阀要关严，收工清场测液面。

注释：①各项参数设正确，电压走时和电缆——指检查并确认各项参数设定正确，电源电压正常，走时时间准确，主机工作情况正常，各连接电缆完好；②方便安全操作处——指到井场后，仪器放置在操作方便安全可靠之处；③输入井号按回车——指输入井号按下回车键；④测试按下测试键——指测试按下测试键。

3.30.2 油井动液面测试操作规程安全提示歌诀

开阀装枪侧身缓，丝杠油气能伤人。

泄净压力方卸枪，带压飞枪定伤人。

3.30.3 油井动液面测试操作规程

3.30.3.1 风险提示

（1）请在操作前详细观察设备设施以及周围工作区域，并对抽油机进行详细检查，辨识和评估存在风险，对存在的风险制定控制措施，并纳入操作过程中，确认安全后进行下一步操作。

（2）请按要求和规定穿戴好符合要求的劳动防护用品，请站在安全区域进行操作，履行和遵守健康安全与环境有关规定是每个操作员工的责任。

（3）工作中掌握安全防范措施，定期检查安全设施、设备的安全状况，熟练操作使用消防器材，遵守操作规程，做到岗位无隐患，确保安全生产无事故。

（4）开关阀门及测试时一定要侧身注意安全。

（5）卸测试枪时一定要把压力泄净方可操作。

（6）声呐弹在运输及测试时一定注意安全。

（7）现场要禁止明火。

3.30.3.2 油井动液面测试操作规程表

具体操作顺序、项目、内容等详见表 3.30。

表 3.30 油井动液面测试操作规程表

操作顺序	操作项目、内容、方法及要求	存在风险	风险控制措施	应用辅助工具用具
1.1	穿戴劳动保护用品			
1.2	准备工具、用具：金时三型综合诊断仪、测试枪、声呐弹、450mm管钳、防盗扳手	工具仪表质量不合格易发生伤人事故	检查管钳、防盗扳手是否完好	

操作顺序	操作项目、内容、方法及要求	存在风险	风险控制措施	应用辅助工具用具
1.3	检查仪器各部工作是否正常，电源电压是否正常，走时时间是否准确，主机工作情况是否正常，各项应用设置参数是否正确，各连接电缆是否完好			
2.1	到井场后仪器应放置在操作方便、安全可靠之处	操作位置不当，发生机械伤害	观察井场周围情况，选择安全、操作方便的位置	
2.2	打开套管阀门，吹净套管内的杂物、死油后关严	手轮飞出或油气外泄伤人	侧身操作	防盗扳手
2.3	装好测试枪，连接测试仪器；枪要上紧，严防漏气	测试枪飞出	侧身操作，上紧测试枪	
2.4	开机输入井名后，按回车键，按动液面测试键			
2.5	打套管阀门开始测试	手轮飞出或油气外泄伤人	侧身操作	防盗扳手
3.1	测试结束后，一定要等到数据储存完后再拔动液面线，关机，盖好箱盖			
3.2	关严套管阀门，打开泄压阀泄压，待压力降到0后方可卸下测试枪	手轮飞出、测试枪飞出或油气外泄伤人	侧身操作	
3.3	清理现场工具，检查井口阀门是否关严	碰伤、砸伤	平稳操作	

3.30.3.3 应急处置程序

若人员发生机械伤害，第一发现人员应立即停运致伤设备，现场视伤势情况对受伤人员进行紧急包扎处理；如伤势严重，应立即拨打120求救。

3.31 实测示功图分析操作实测示功图分析歌诀

3.31.1 常见 17 类实测示功图分析歌诀

功图只有四条线，横程竖载不简单。

理论平行四边形，实测功图向右偏。

右上尖角左下圆，固定凡尔空中悬。

左下尖角右上圆，游动凡尔未座严。

部分出筒反刀把，供液不足刀把弯。

自喷杆断双失灵，一条黄瓜横下边。

（自喷、杆断、双失灵是 3 种类型）。

气体影响弧线缓，油稠蜡重肥而圆。

（油稠、蜡重是 2 种类型）。

泵遇砂卡狼牙棒，上磕下碰戴耳环。

（上磕、下碰是 2 种类型）。

管漏平行四边形，盘根过紧矩形显。

活塞卡死泵筒里，上右下左黄瓜悬。

横线外凸泵筒弯，分类识图并不难。

说明：以上 22 句是侧重于定性解释的歌诀。其中下划线字为实测示功图的常见类型，共计 17 类，分别是固定阀漏、游动阀漏、活塞部分脱出工作筒、供液不足、自喷、杆断、双阀失灵、气体影响、油稠、结蜡严重、砂卡、（上磕）光杆磕驴头、（下碰）碰泵、管漏、密封圈过紧、活塞卡死泵筒、泵筒弯。

3.31.2 常见 27 种实测示功图分析歌诀

出现平行四边形，产量增高泵正常，

管挂管柱漏失分，理论实测看载线，

管挂漏失二线近，管柱漏失两线远。

供液不足像菜刀，地层井筒原因找，

地层能量不充足，入口堵塞亦菜刀。

功图若有黄瓜线，多种原因要分辨，

游移上下载荷线，抽喷黄瓜居中间，

泵脱骑在下载线，杆断黄瓜近基线。

砂阻出现锯齿状，波峰尖小对称容，

砂阻卡死不一样，其中特点有不同，

图形斜直杆拉伸，活塞卡死不做功。

上阀漏失抛物线，增载缓慢卸载快；

下阀漏失泵效减，卸载缓慢增载快；

双阀漏失像鸭蛋，漏失原因须明白。

油井结蜡图肥胖，上下行程波峰大，

峰点对称有规律；油稠变凸驼峰大，

由肥变圆示功图，缘于磨阻在增大。

碰泵左下戴耳环，原因防冲距过小，

及时上提防冲距，上提耳环垂直高。

管线堵或阀门关，图形增肥曲线平，

管线解堵查流程，阀门打开好图形。

活塞脱出工作筒，一把菜刀反向放，

下放光杆量多少，图上量取刀把长。

图形右上挂耳环，光杆驴头有磕碰，

井下碰泵要分明，上部杆柱重调整。

玻璃钢杆图形怪，增载取决冲次高，

弹性较大图变形，搞清原因需提高。

泵已不出气充满，气锁图形弯刀镰，

气影响弧线卸载，二者差异细分辨。

图形倾斜惯性大，功图出现阻尼线，

波峰由大到平缓，冲次过大要调减。

上下死点出圆圈，二级震动冲次高，

上磕驴头下碰泵，耳环圆圈分辨好。

功图显示间隙漏，上下左右不平行，

活塞泵筒已磨损，检泵换泵速申请。

上下对称呈凸出，间隙过紧一级泵，

拉磨正常会消失，卡阻严重要换泵。

图形左上少一块，游阀迟关行程减，

影响严重产液减，碰泵洗井不可免。

说明：以上 72 句中下划线部分是 27 种示功图的名称，此 72 句是注重区分各种功图和图形相近但性质不同功图的歌诀。每 4 句或 6 句一个韵，以句号分隔。

参考文献

中国石油天然气集团公司人事服务中心. 2004. 职业技能鉴定培训教程与鉴定试题集：采油工 [M]. 北京：石油工业出版社.

中国石油天然气集团公司人事服务中心. 2004. 职业技能鉴定培训教程与鉴定试题集：采油测试工 [M]. 北京：石油工业出版社.

中国石油天然气集团公司人事服务中心. 2004. 职业技能鉴定培训教程与鉴定试题集：集输工 [M]. 北京：石油工业出版社.

胡广杰，易斌，田宝库，等，2008. 抽油机井实测示功图泵况诊断分析 [M]. 北京：石油工业出版社.